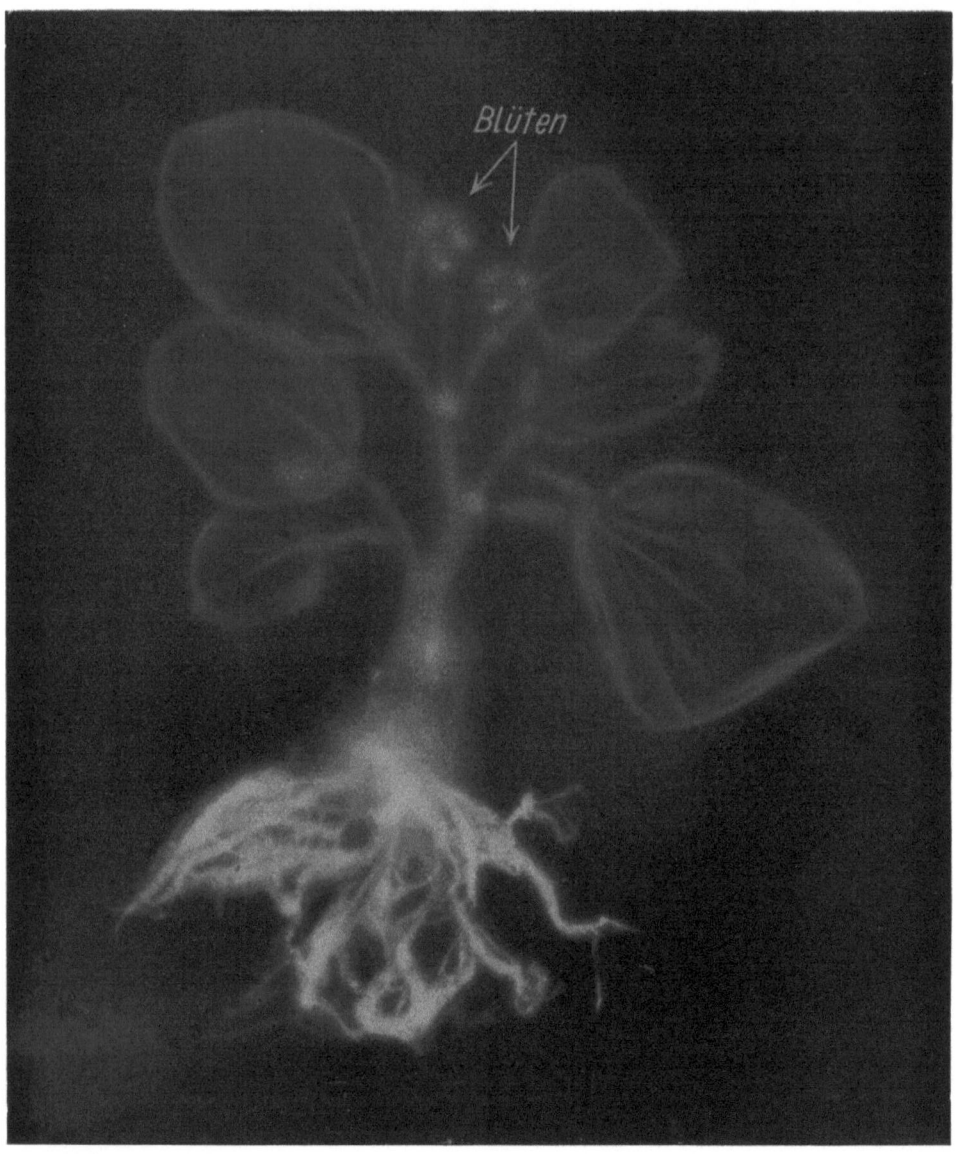

Bild der Verteilung von radioaktivem Phosphor in Blüten, Blättern und Wurzeln einer Begonia semperflorens nach 24stündigem Verweilen der Pflanze in der Nährlösung, hergestellt unter Einsatz der 1 Million Volt-Atomumwandlungsanlage im Laboratorium des Verfassers. Die erkennbare Phosphoranreicherung an den Blatträndern entspricht dem Bau der Blätter dieser Pflanze und der bevorzugten Verdunstung am Blattrande. Daten: Benutzte Kernreaktion 32/16 S (n, p) 32/15 P. Bestrahlung von 20 Litern CS_2 mit (Li — D)-Neutronen. 100 μA-Stunden Deuteronen bei 1 MeV Substanzverlustfaktor (Anreicherungsprozeß und nur teilweise Aufnahme der die Aktivität enthaltenden Flüssigkeitsmenge durch die Pflanze) etwa $k_2 = 0{,}05$. 100 Stunden Kontaktbelichtung auf Agfa Sino-Film.

Die physikalischen Grundlagen der Anwendung radioaktiver oder stabiler Isotope als Indikatoren

Von

Manfred von Ardenne

Mit einem Titelbild
drei Tabellen
und 27 Abbildungen

Berlin · Springer-Verlag · 1944

Alle Rechte, insbesondere das der Übersetzung
in fremde Sprachen, vorbehalten.

Copyright 1944 by Springer-Verlag OHG. in Berlin.

ISBN-13: 978-3-642-89502-9   e-ISBN-13: 978-3-642-91358-7
DOI: 10.1007/978-3-642-91358-7

Vorwort.

Während die Erforschung von Aufbau und Wandlungen der einfacher zusammengesetzten molekularen und übermolekularen Systeme heute sehr weit fortgeschritten ist und in vielen Fällen sogar schon zu einem gewissen Abschluß gebracht werden konnte, darf dies für die kompliziert aufgebauten Systeme keineswegs behauptet werden. Noch harren bekanntlich auf breiten Sektoren der Chemie viele Fragen von grundlegender Bedeutung der Klärung. Noch sind sehr viele Vorgänge, Strukturen und Wirkungen im lebenden Organismus dem tieferen Einblick und Verständnis verschlossen. Zu einem solchen Zeitpunkt verdienen Methoden mit spezieller Eignung für die Erforschung komplizierter Systeme die allergrößte Aufmerksamkeit. Zwei sehr universelle Methoden dieser Art sind aus der Physik der letzten Jahre entstanden. Durch das Elektronen-Übermikroskop und seine Hilfsverfahren ist der Feinbau toter und lebender Materie im Bereich der Dimensionen zwischen 2 mμ und 200 mμ in das Blickfeld des Menschen gerückt worden und durch Beschreitung kernphysikalischer Wege zur Markierung sowie zum Nachweis bestimmter Atome oder Elemente ist ein sehr wertvolles *Instrument zur Entwirrung des Atomaustausches* (Stoffwechsels) *in den komplizierten Verbindungen oder Systemen der Chemie, Physik, Biologie und Medizin* geschaffen worden.

Während die fast ausschließlich in Deutschland entwickelte übermikroskopische Methode für unsere naturwissenschaftliche Forschung schon seit einigen Jahren in großem Umfange eingesetzt ist, hat der zweite in USA besonders ausgebaute Weg[1] bei uns bisher nur eine geringe praktische Bedeutung erlangt. *Eine Aufgabe der vorliegenden Schrift soll es sein, erneut und mit Nachdruck die Aufmerksamkeit von Forschung und Industrie auf diesen für den Fortschritt von Wissenschaft und Technik so bedeutsamen Weg zu lenken sowie darüber hinaus den Leser zu eigener Tätigkeit oder Initiative in dieser aussichtsreichen Richtung anzuregen.*

Zu den kompliziertesten Systemen, die wir kennen, gehören bekanntlich die lebenden Organismen. Seit einigen Jahren ist aus der Fachliteratur eine große Zahl von Beispielen bekannt, die zeigen, wie durch den Einsatz kernphysikalischer Markierungs- und Meßmethoden es gelingt, bei Pflanze, Tier und Mensch *Stoffwechselvorgänge* zu klären, sogar wenn diese nur einzelnen Organen, Zellen, Zellprodukten, Zellbestandteilen oder Wirkstoffen zugeordnet sind. Schon sind bei Stoffwechselproblemen von grundsätzlicher Bedeutung sehr überraschende Aufschlüsse erhalten worden. Hiernach ist es naheliegend, daß das gleiche Gedankengut in der Medizin zur *Prüfung und Entwicklung von Heilmitteln* sowie zur *Schaffung neuer exakter Heilmethoden* herangezogen werden kann. Über die Klärung des Ablaufes komplizierter biochemischer Reaktionen dürften diese Verfahren in der Zukunft zu einem wichtigen Hilfsmittel werden, um der Natur nachgeahmte Wege zur *synthetischen Herstellung beliebiger Substanzen der Biochemie* fast zwangsläufig zu finden. — Auf dem Gebiet der physikalischen Chemie

---

[1] Man vergleiche hierzu Herkunft und Erscheinungsort der unten im Literaturverzeichnis aufgeführten Arbeiten sowie z. B. auch das Referat über eine 1940 in Cambridge (Mass) USA abgehaltene Arbeitstagung zum Thema angewandter Kernphysik. J. applied physics 12, 313 (1941).

sind unter anderem mit Hilfe der Indikatoren Untersuchungen über *Diffusionsvorgänge, Gasdurchlässigkeiten, Oberflächenwerte und Änderungen, Reaktionen im festen Zustand* und *Reaktionsgeschwindigkeiten* durchführbar und zum großen Teil schon durchgeführt worden. Weiter sind für den Chemiker sehr interessante Anwendungen z. B. bei der *zerstörungsfreien Analyse*, der *quantitativen Analyse* (Schnellanalyse), der Prüfung *chemischer Trennungen*, bei *Konstitutionsbestimmungen* und *Löslichkeitsbestimmungen* gegeben. Die vorstehenden Hinweise, die noch keineswegs vollständig sind, zeigen, daß auch dieser Weg ähnlich wie die übermikroskopische Methode an besonders zahlreiche und verschiedenartige Anwendungsgebiete heranführt. Mit der übermikroskopischen Methode hat er gemeinsam, daß ein sehr erheblicher technischer Aufwand getrieben werden muß. Damit die Arbeiten auf breiter Basis stattfinden können, sind viele *Atomumwandlungsanlagen* (Zyklotrons, VAN-DE-GRAAFF-Generatoren, Kaskaden-Generatoren), *Anlagen zur Anreicherung seltener Isotope, Chemische Laboratorien, Meßlaboratorien mit zahlreichen Zählrohr- und Elektrometer-Meßplätzen* sowie *empfindliche Massenspektrometer* notwendig. Zum großen Teile sind diese Hilfsmittel erst im Laufe mehrerer Jahre und in mühevoller Arbeit durch Spezialisten aufzubauen. Die Schaffung der apparativen Voraussetzungen erfordert daher eine ungewöhnlich frühzeitige und großzügige Planung.

Solange die genannten Anlagen nicht in wünschenswerter Leistungsfähigkeit und Zahl zur Verfügung stehen, ist man gezwungen, die kernphysikalischen Markierungsmethoden besonders rationell durchzuführen. Aus diesem Grunde wurde trotz der Zeitverhältnisse und der aus ihnen folgenden starken persönlichen Beanspruchung die vorliegende Arbeit unternommen. Sie enthält die *physikalischen Grundlagen in einer auf den praktischen Einsatz zugeschnittenen Form*. Einen weiteren Sinn dieser Veröffentlichung sieht der Verfasser darin, daß sie die Abschätzung des für bestimmte Themen jeweils notwendigen Aufwandes im voraus ermöglichen soll. Die systematische Durcharbeitung und zusammenfassende Darstellung der Grundlagen kernphysikalischer Markierungen erschien nicht zuletzt deswegen angebracht, weil ihr Einsatz in der Regel von Chemikern, Biologen und Medizinern, die der Physik dieser Verfahren naturgemäß ferner stehen, erwogen und durchgesetzt wird.

Damit der Leser nicht allein aus der Theorie die Weite des Arbeitsgebietes und die großen Möglichkeiten dieses Sektors der angewandten Kernphysik sich vorzustellen genötigt ist, bildet ein Literaturverzeichnis mit den Themen mehrerer hundert *Arbeiten über Anwendungen* den Abschluß des Buches.

Für wirksame Hilfe bei der Klärung wichtiger Fragen und bei der Zusammenstellung der Tabellen hat der Verfasser Herrn Dr. O. HAXEL und seinen Mitarbeitern H. REIBEDANZ und Dr. R. RICHTER zu danken, ebenso den Herren Dr. H. J. BORN und Dr. H. FRIEDRICH FREKSA für wertvolle Literaturhinweise. Besonders verpflichtet bin ich dem Herrn *Reichspostminister* für die Förderung unserer Forschungsarbeit.

Berlin, im Juni 1943.

MANFRED BARON VON ARDENNE.

Inhaltsverzeichnis.

	Seite
A. Die beiden kernphysikalischen Indikatormethoden	1
I. Die radioaktiven Isotope als Indikatoren	1
II. Die stabilen Isotope als Indikatoren.	3
B. Das Indikatorverfahren mit radioaktiven Isotopen	5
I. Die Meßmethoden	5
a) Das Zählrohrverfahren. Methode und Bestimmung der erforderlichen Aktivität	7
b) Das photographische Verfahren. Methode und Bestimmung der erforderlichen Aktivität	12
II. Die verschiedenen Wege zur Herstellung künstlich radioaktiver Isotope.	16
a) Direkte Bestrahlung stabiler Isotope mit schnellen leichten Ionen	16
b) Bestrahlung stabiler Isotope mit Neutronen	17
c) Spaltung von Urankernen in radioaktive Isotope durch Neutroneneinwirkung.	19
III. Die Abtrennung hoch konzentrierter radioaktiver Isotope.	20
IV. Zusammenstellung von Kern- und Zerfallsreaktionen für die Auswahl der jeweils geeigneten Isotope und ihrer Herstellungsart	22
V. Abschätzung des Aufwandes zur Herstellung einer bestimmten Aktivität bei der jeweils ausgewählten Kernreaktion	36
a) Direkte Bestrahlung stabiler Isotope mit schnellen, leichten Ionen	37
b) Bestrahlung stabiler Isotope mit Neutronen	37
c) Spaltung von Urankernen in radioaktive Isotope durch Neutroneneinwirkung	42
C. Das Indikatorverfahren mit stabilen Isotopen	44
I. Die Meßmethoden	44
a) Das Verfahren der Dichtebestimmung. Meßempfindlichkeit und Mindestgewicht	44
b) Das massenspektrometrische Verfahren. Meßempfindlichkeit und Mindestgewicht	46
II. Die verschiedenen Wege zur Anreicherung seltener Isotope	50
III. Die verschiedenen Arten von Verlusten bei der Anwendung der Methode	53
IV. Zusammenstellung der stabilen Isotope der Elemente für die Auswahl der jeweils geeigneten Isotope.	55
V. Abschätzung des zur Markierung benötigten Aufwandes	59
D. Literaturverzeichnis	60
I. Zur Methode mit radioaktiven Isotopen	60
II. Zur Methode mit stabilen Isotopen	61
III. Zur Anwendung der Methode mit radioaktiven Isotopen	62
IV. Zur Anwendung der Methode mit stabilen Isotopen	66

A. Die beiden kernphysikalischen Indikatormethoden.

Die moderne naturwissenschaftliche Forschung verfügt über zahlreiche empfindliche Methoden zur Markierung von Atomen, Molekülen und übermolekularen Bauelementen. Eine Markierungsmethode ist um so besser, je größer ihre Empfindlichkeit, je einfacher ihre Handhabung und je geringer die durch sie hervorgerufene Veränderung der markierten Substanz ist. Es wäre naheliegend anzunehmen, daß die Forderung nach möglichst kleiner Beeinflussung der zu kennzeichnenden Einheit durch den Markierungsvorgang bei Annäherung an die Atomdimensionen immer schwerer zu erfüllen ist. Daher ist es von großer Bedeutung, daß die Kernphysik zwei elegante Verfahren liefert, die eine Markierung des Atoms ohne Eingriff in die chemisch wirksame äußere Elektronenhülle erlauben.

Durch Ausnutzung künstlicher oder natürlicher Radioaktivität zur Markierung gelingt es, eine äußerst hohe Meßempfindlichkeit sicherzustellen, da man mit verhältnismäßig wenig radioaktiven Atomen auskommt, deren Strahlung in der Regel noch keine Rückwirkung auf den Ablauf des zu untersuchenden Vorganges hat.

Die zweite kernphysikalische Indikatormethode benutzt die Tatsache, daß eine große Anzahl von Elementen aus mehreren Isotopen besteht. Ihr von Natur aus konstantes Mischungsverhältnis läßt sich durch die Methoden der Isotopenanreicherung künstlich verändern. Durch Benutzung solcher in ihrem Mischungsverhältnis gestörter Elemente wird in Verbindung mit geeigneten Meßmethoden ebenfalls eine recht empfindliche und praktisch rückwirkungsfreie Markierung erreicht.

I. Die radioaktiven Isotope als Indikatoren.

Bei dem Verfahren der radioaktiven Indikatoren[1] wird im allgemeinen einem inaktiven Element oder einer vorliegenden Verbindung desselben ein radioaktives Isotop in gewichtsloser Menge beigemischt. Diese Mischung kann durch keinerlei chemische Prozesse wieder getrennt werden. *Bei einer Unterteilung der Mischung ist in jedem Fall das Verhältnis von Strahlung zur Gewichtsmenge, die sog. spezifische Aktivität, gleich dem ursprünglichen Verhältnis.* Ist dieses Verhältnis bekannt, so kann durch Messung der Aktivität das Gewicht des markierten Elements ermittelt werden. Die mit einer bestimmten Meßgenauigkeit auf diese Weise meßbare kleinste Gewichtsmenge[2] läßt sich in jedem einzelnen

---

[1] HEVESY, G.: Application of radioactive indicators in biology. Ann. Rev. Biochemistry **9**, 641 (1940) und die dort angegebene ältere Literatur. — PANETH, F. A.: Radioelements as indicators. New York 1928. — ERBACHER, O. u. K. PHILIPP: Die Identifizierung der durch Neutronen erzeugten künstlichen Radioelemente und ihre Verwendung in der Chemie als Indikatoren. Z. angew. Chem. **48**, 409 (1935). — HAHN, O.: Applied radiochemistry. London 1936.

[2] Größenordnung einer unter folgenden Annahmen z. B. mit 10% Genauigkeit meßbaren Phosphormenge 10^{-9} g! (Zählrohrverfahren, 1 Min. Meßdauer. Im Zyklotron hergestellte Gesamtaktivität 10^{11} β-Teilchen/Min. Gewicht der Auffängersubstanz 0,1 g. *Keine Anreicherung!*)

Fall aus den weiter unten gebrachten Zahlenwerten über erforderliche und erreichbare Aktivität und über die erreichbare Anreicherung abschätzen.

Obwohl die ersten Versuche (G. VON HEVESY, 1923) mit *natürlich*-radioaktiven Isotopen vorgenommen wurden, kommen heute bei Arbeiten in dieser Richtung praktisch ausschließlich *künstlich* hergestellte radioaktive Isotope zur Anwendung, nachdem es im letzten Jahrzehnt gelungen ist, leistungsfähige *Atomumwandlungsanlagen* zu entwickeln, die bei den meisten Elementen die Herstellung radioaktiver Isotope in zum Teil recht erheblicher Menge erlauben. Als primäre Energiequelle für die künstlichen Atomkernumwandlungen dienen dabei hoch beschleunigte Kerne von leichtem oder schwerem Wasserstoff oder auch von Helium. Die Beschleunigung dieser Kerne erfolgt durch elektrische Felder und zwar in Kaskadengeneratoranlagen und VAN DE GRAAFF-Generatoranlagen bis zu Voltgeschwindigkeiten von 1 bis 3 Millionen Volt und in Zyklotronanlagen nach dem von E. O. LAWRENCE angegebenen Prinzip des Resonanzbeschleunigers auf Voltgeschwindigkeiten von über 10 Millionen Volt. Alle diese Anlagen sind heute bereits zu sehr hoher technischer Vollkommenheit entwickelt. In den größten Atomumwandlungsanlagen wird die von natürlichen Quellen (Präparaten von einem Radiumgehalt der Größenordnung 1 g) abgegebene Energie um mehr als das Zehntausendfache übertroffen. Ob eine vorliegende Forschungsaufgabe unter Mitwirkung eines Zyklotrons bearbeitet werden muß oder ob Anlagen geringerer Leistungsfähigkeit schon genügen, hängt bei der gegebenen Empfindlichkeit der Nachweismethoden von der *Ausbeute der günstigsten jeweils benutzbaren Kernreaktion und der Halbwertszeit der günstigsten benutzbaren Zerfallsreaktion* ab, ferner von den *Verlusten bei Gewinnung und Anwendung*. Je nach der Bestrahlungsart wird ein mehr oder weniger winziger Bruchteil der vorhandenen Atomkerne getroffen und umgewandelt. Stets bleibt der Ballast an inaktiven Atomen sehr groß. Daher kommt bei vielen chemischen und biologischen Verwendungszwecken zur Beurteilung der Einsatzmöglichkeiten noch die Größe der im einzelnen Falle mit Hilfe meist chemischer Verfahren erzielbaren *Anreicherung des radioaktiven Isotops* hinzu. Von sehr großem Einfluß auf die Intensitätsverhältnisse ist die schon erwähnte Halbwertszeit der Zerfallsreaktion. Die Aktivität der künstlich hergestellten Substanz ist bei gegebener Zahl aktivierter Atome der Halbwertszeit umgekehrt proportional. Da die im Laufe der Untersuchung durchzuführenden physikalischen und chemischen Prozesse eine gewisse Zeit erfordern, besteht jedoch eine durch diese Zeit bestimmte untere Grenze für die Halbwertszeit. Praktisch wird mit Halbwertszeiten zwischen etwa 10 Minuten und 1 Jahr gearbeitet. Die Kurve der *Häufigkeit von Halbwertszeiten*[1], die ein flaches Maximum bei Zeiten von 1 bis 2 Stunden aufweist, zeigt, daß etwa 80% aller bekannten Halbwertszeiten innerhalb dieses Intervalls liegen.

Eine Variation des Verfahrens der radioaktiven Indikatoren, die sich beispielsweise in einer Patentschrift der Fried. Krupp AG.[2] vorgeschlagen findet, besteht in folgendem: Geringe Beimengungen einer Substanz werden dadurch ermittelt, daß der Mischkörper mit Hilfe einer Atomumwandlungsanlage bestrahlt und eine für die Beimengung charakteristische Kernreaktion zur Indikation dient. Dieses Verfahren ist allerdings auf solche Fälle beschränkt, wo nicht eine Vielzahl konkurrierender Prozesse oder allzu geringe Abweichungen der Halbwertszeiten beteiligter Kernprozesse eine sichere Entwirrung erschweren. Die praktische Durchführung dieser Form des Verfahrens zur Analyse sehr geringer, chemisch schwer nachweisbarer Kohlenstoffbeimengungen in Eisen ist in einer neueren

---

[1] Vgl. Fig. 35 in W. HANLE: Künstliche Radioaktivität. Jena: G. Fischer 1939.
[2] D.R.P. 732312 vom 22. 4. 42. Erfinder Dr. FAHLENBRACH und Dr. SCHLECHTWEG.

Veröffentlichung[1] ausführlich beschrieben. So gelingt es bei dem vorgenannten Beispiel mit Hilfe der unten erwähnten 1 Million Volt Bandgeneratoranlage des Verfassers, noch Kohlenstoffgewichtsanteile von unter 10^{-4} in Eisen nachzuweisen. Dieser kernphysikalische Weg bildet eine wertvolle Ergänzung zu den Möglichkeiten der chemischen Analyse und zur quantitativen Spektralanalyse[2]. Trotzdem soll er im Rahmen dieser Schrift nicht näher dargestellt werden, da er bisher nur in wenigen besonders günstig gelagerten Fällen beschritten worden ist.

Ihre hohe Empfindlichkeit verdankt die Methode der radioaktiven Indikatoren der Tatsache, daß Meßanordnungen zur Verfügung stehen, die bereits die einzelnen Elementarprozesse der Kernreaktionen anzeigen. Zur *Bestimmung der Radioaktivität* dienen in erster Linie die sehr bequem zu handhabenden Einrichtungen mit GEIGER-MÜLLERschem Zählrohr, Verstärker und nachgeschaltetem Zählwerk, aber auch die photographische Platte und die WILSON-Kammer. In Fällen, wo genügende Strahlungsintensität zur Verfügung steht, kommt als Nachweismethode noch die Kombination Ionisationskammer-Elektrometer zum praktischen Einsatz.

II. Die stabilen Isotope als Indikatoren.

Von einigen wichtigen Elementen, insbesondere kleiner Ordnungszahl, sind nur stabile Isotope oder solche Isotope bekannt, deren Halbwertszeit zu kurz oder zu lang für das zunächst besprochene Verfahren ist. Dies gilt besonders für diejenigen Elemente, aus denen die lebenden Organismen vorwiegend aufgebaut sind, nämlich H, C, N und O. Gerade für die Untersuchung des Stoffwechsels organischer Bestandteile in lebenden Systemen, aber auch für viele andere an diese Elemente gebundene Forschungsarbeiten hat die im folgenden referierte Markierungsmethode[3] große Bedeutung. Bekanntlich setzen sich die meisten Elemente aus mehreren Isotopen mit stark verschiedener Häufigkeit zusammen. Durch künstliche und möglichst starke Vergrößerung der relativen Häufigkeit eines zunächst seltenen Isotops mit Hilfe eines der bekannten Verfahren[4] zur Isotopenanreicherung oder Isotopentrennung können Elemente geschaffen werden, die sich chemisch in keiner Weise[5], physikalisch dagegen sehr stark von den in der Natur vorkommenden Elementen unterscheiden. Die physikalische Unterscheidung kann im Gebiet sehr kleiner Ordnungszahlen, z. B. durch sehr genaue Methoden der Dichtebestimmung, sonst aber zweckmäßig durch sog. *Massenspektrometer* vorgenommen werden. Die bekannteste Form des Massenspektrometers[6] besteht aus einer spaltförmigen Ionenquelle, mit der von der zu untersuchenden gasförmigen (oder festen) Substanz Ionenstrahlen homogener Geschwindigkeit der Größenordnung 1000 V hergestellt werden. Diese werden dann magnetisch zerlegt und gelangen nach Fokussierung durch den Austrittsspalt zur Intensitätsmeßeinrichtung. In den modernen Ausführungs-

---

[1] ARDENNE, M. v. u. F. BERNHARD: Ein kernphysikalisches Verfahren zur Bestimmung geringer Kohlenstoffzusätze in Eisen. Z. Phys. **122**, 740 (1944).

[2] DÖPEL R. u. K.: Die Unterschreitung der spektralanalytischen Nachweisbarkeitsgrenze eines Spuren-Elementes durch die Analyse der kernphysikalischen Emissionen. Phys. Z. **12**, 261 (1943).

[3] SCHOENHEIMER, R. and D. RITTENBERG: The application of isotopes to the study of intermediary metabolism. Science, New York **87**, 221 (1938). — Studies in protein metabolism. J. biol. Chem. (Am.) **127**, 285 (1939) und die dort angegebene ältere Literatur.

[4] WALCHER, W.: Isotopentrennung. Erg. exakt. Naturw. **18**, 155 (1939).

[5] Nur in bezug auf die beiden Isotope H und D gilt dies nicht mehr streng!

[6] NIER, A. O.: A Mass Spectrometer for Routine Isotope Abundance Measurements. Rev. Scientific Instruments **11**, 212 (1940).

formen dieser Massenspektrometer lassen sich Häufigkeitsunterschiede benachbarter Isotope von 1% und darunter bequem messen, so daß auch diese Markierungsmethode den Vorzug großer Empfindlichkeit besitzt. In dem Maße, wie es in der Zukunft gelingt, Isotopenanreicherungen und Isotopentrennungen auch im Bereich höherer Massenzahlen mit nennenswerten Gewichtsmengen praktisch zu verwirklichen und industriell durchzuführen, dürfte die Markierungsmethode mit stabilen Isotopen auch im Bereich höherer Massenzahlen häufiger zur Ergänzung der Markierungsmethode mit radioaktiven Isotopen herangezogen werden.

Abschließend sollen die *Vorteile und Nachteile der beiden besprochenen Indikatorverfahren* kurz betrachtet werden. Zur Zeit stehen wesentlich mehr radioaktive als stabile Isotope in einer für die Markierung ausreichenden Menge zur Verfügung. Dieser Tatsache steht bei Anwendung stabiler Isotope der Vorteil gegenüber, daß die Markierung über beliebig lange Zeiten erhalten bleibt. Diese Eigenschaft gewinnt große Bedeutung, wenn sehr lang dauernde chemische Prozesse (z. B. für die Reindarstellung von Eiweißen) im Laufe der Untersuchung durchgeführt werden müssen. Das nähere Studium der Empfindlichkeiten beider Methoden in den späteren Kapiteln wird zeigen, daß das Verfahren mit radioaktiven Indikatoren auch solche Vorgänge aufzuklären vermag, bei denen der Anteil des gemessenen Endproduktes äußerst klein wird, und daß auch das Verfahren mit stabilen Indikatoren noch bei recht erheblichen Substanzverdünnungen Messungen zuläßt. Ein Anwendungsgebiet, auf dem das Indikatorverfahren mit stabilen Isotopen häufig mit Erfolg eingesetzt worden ist, liegt bei den Problemen, wo es darauf ankommt zu entscheiden, ob ein Austausch bestimmter Atome überhaupt stattfindet oder nicht. — Die *gleichzeitige Markierung von zwei oder mehreren Atomarten im Ausgangsmolekül*, die für Kontrollen oder für spezielle Aufgaben sehr nützlich werden kann, ist bei der zuletzt genannten Methode oder bei gleichzeitigem Einsatz beider Methoden wegen der gegenseitigen Unabhängigkeit der Messungen leicht durchführbar. In ähnlicher Weise kann auch eine *Anzahl verschiedener Ausgangsmoleküle gleichzeitig markiert* werden. Die vorgeschlagene mehrfache Markierung dürfte in der Zukunft vor allem für Stoffwechseluntersuchungen größere Bedeutung erlangen, bietet sie doch die Möglichkeit, durch einfache Vergleichsmessungen z. B. selektive Anreicherungen bestimmter Elemente oder Moleküle in bestimmten Räumen der untersuchten Systeme zu erkennen und in Zahlen festzulegen. — Während bei der Anwendung stabiler Isotope oft komplizierte Prozesse zu ihrer Isolierung, Reinigung und Messung notwendig sind, hat das im folgenden Abschnitt näher betrachtete Verfahren mit radioaktiven Indikatoren den Vorteil, daß diese Indikatoren besonders leicht und häufig sogar an lebenden Organismen ohne Substanzabnahme messend verfolgt werden können.

B. Das Indikator-Verfahren mit radioaktiven Isotopen.

I. Die Meßmethoden.

Beim Zerfall künstlich radioaktiver Isotope werden ausschließlich *Elektronen, Positronen* und *γ-Quanten* emittiert. Sowohl die Teilchenenergien als auch die Strahlungsenergien liegen, wie eine weiter unten wiedergegebene Tabelle im einzelnen erkennen läßt, in der Größenordnung zwischen etwa 0,05 MeV und mehreren MeV. Zum Nachweis von Elektronen und Positronen dieses Energiebereiches dürfen zwischen die strahlende Substanz und den Meßindikator nur Schichten geschaltet sein, die etwa 10^{-1} mm Aluminium äquivalent sind. Demgegenüber ist es zum Nachweis der durchdringenden γ-Strahlung des genannten Härtebereichs ohne weiteres möglich, zwischen strahlende Substanz und den Meßindikator beispielsweise organische Schichten von mehreren Zentimetern Dicke zu bringen, besonders dann, wenn eine merkliche Absorption durch einen entsprechenden Korrekturfaktor berücksichtigt wird. Diese Tatsache ist beispielsweise von großer praktischer Bedeutung, wenn Untersuchungen an größeren lebenden Organismen durchgeführt werden sollen[1]. Dank dieser Eigenschaft sollte es möglich sein, z. B. in Verbindung mit mehreren scharf ausgeblendeten und auf eine Stelle gerichteten Strahlungsempfängern sogar die Verteilung der Aktivität im Körperinnern an größeren lebenden Organismen messend zu verfolgen. Da selbst unter Anwendung von sehr vielen gerichteten Nachweiseinheiten (Herbeiführung der Richtwirkung z. B. durch Anordnung des Nachweisgerätes in einem einseitig geöffneten Bleikanal) der erfaßte Raumwinkel klein bleibt gegenüber demjenigen bei Anordnung des Nachweisgerätes in unmittelbarer Nähe der strahlenden Substanz, und da ferner der Ausbeutefaktor selbst bei einer der γ-Strahlhärte angepaßten Ausführung des Strahlungsempfängers wesentlich kleiner ist als bei dem Nachweis von Elektronen oder Positronen (infolge der nicht vollständigen Absorption der γ-Quanten im Zählrohr), dürfte dieses Vorgehen beschränkt sein auf Fälle, wo dank besonders leistungsfähiger Zyklotronanlagen ungewöhnlich große Aktivitäten zur Verfügung stehen. Eine weitere Einschränkung für den Einsatz dieser Variation des Verfahrens liegt darin, daß bei sehr vielen Zerfallsprozessen überhaupt keine γ-Quanten zur Aussendung gelangen.

Als praktisch wichtigste Nachweismethoden für die emittierten Teilchen bzw. Strahlungsquanten haben das *Zählrohrverfahren* und das *photographische Verfahren* zu gelten.

---

[1] Im Vorwort wurde die Ansicht geäußert, daß die Indikatormethoden zur Schaffung neuer, exakter Heilmethoden herangezogen werden können. Im Zusammenhang mit den hier besprochenen Messungen an größeren lebenden Organismen sei durch ein Beispiel diese Auffassung näher begründet. Die sichere Ortsbestimmung von Eiterherden ist bekanntlich ein großes bisher nur sehr unvollkommen gelöstes Problem der Medizin. In einem Ende 1942 an Herrn Prof. A. BUTENANDT, den Direktor des Kaiser Wilhelm-Institutes für Biochemie, gerichteten Brief hat der Verfasser vorgeschlagen, ein geeignetes künstliches radioaktives Isotop (vgl. unten Tabelle I) in eine solche Substanz einzubauen, die die Eigenschaft hat, sich im lebenden menschlichen Körper mit den weißen Blutkörperchen, und nur mit diesen, zu vereinigen. Beispielsweise durch Einspritzen dieser markierten Substanz in die Blutbahn würden die Leukozyten nach einiger Zeit radioaktiv werden und man könnte den Ort ihrer starken Anhäufung, d. h. einen Eiterherd von außen mit den hier besprochenen Methoden bestimmen.

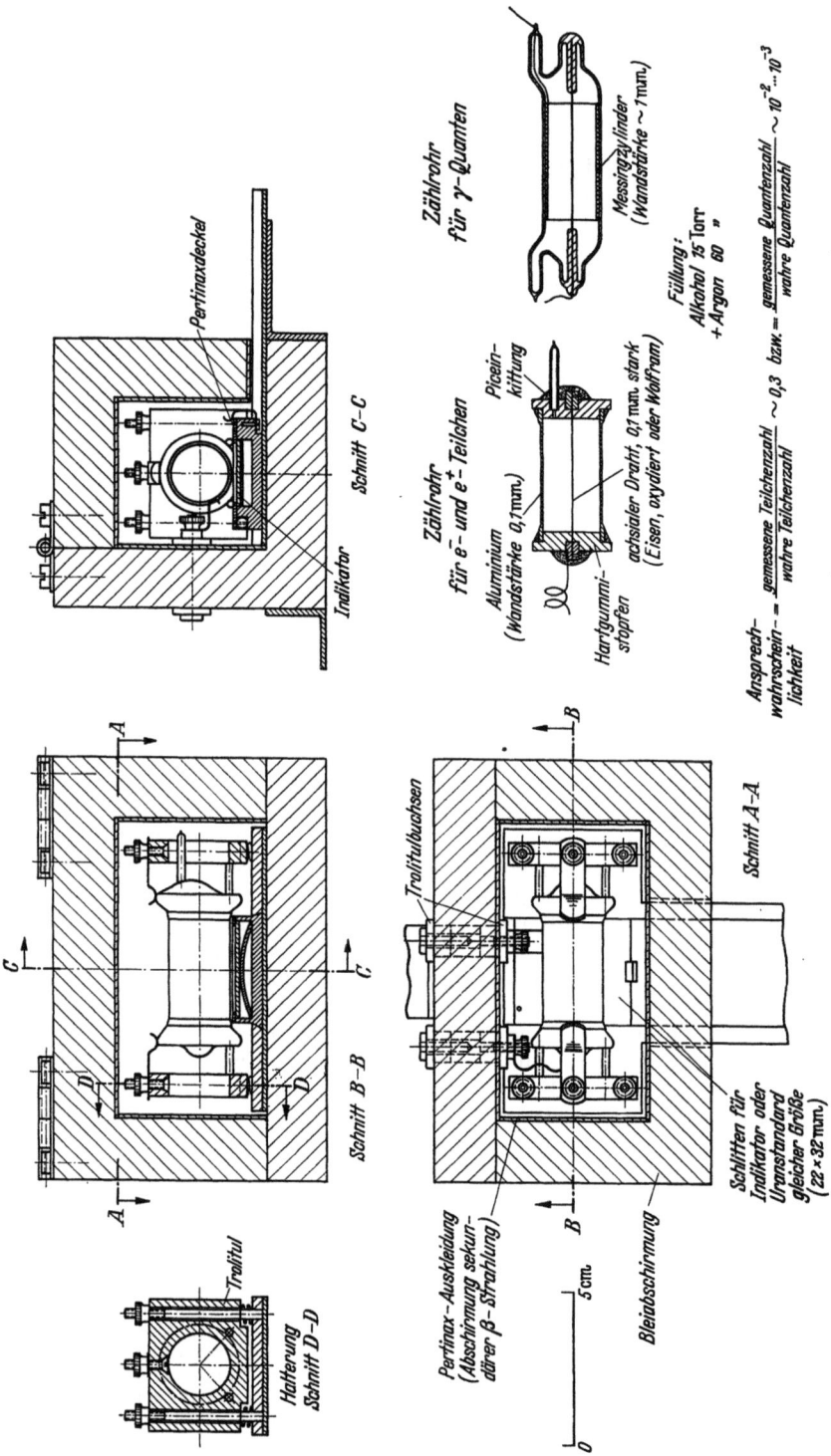

Fig. 1. Zählrohreinheit für Messungen an radioaktiven Indikatoren.

a) Das Zählrohrverfahren.
Methode und Bestimmung der erforderlichen Aktivität.

Die außerordentliche Empfindlichkeit des Zählrohrverfahrens, bei dem bekanntlich einzelne Zerfallsprozesse gezählt werden, beruht darauf, daß im Zählrohr nach GEIGER-MÜLLER[1] die im elektrischen Zylinderfeld durch den Elementarprozeß ausgelöste Stoßlawine schließlich so viele Ladungsträger umfaßt, daß über geeignete nachgeschaltete Röhrenverstärker die Steuerung von Zählwerken oder Oszillographen gelingt.

Die Ausführung von Zählrohren für Messungen an radioaktiven Indikatoren sind in Fig. 1 unten rechts dargestellt. Durch geeignete Bemessung der äußeren

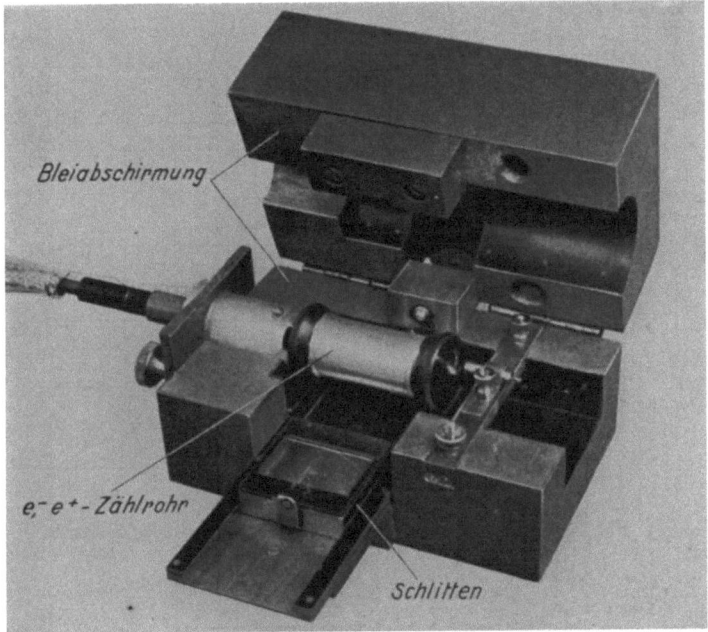

Fig. 2. Ausführung einer Zählrohreinheit.

Zylinderelektrode und durch dichte Annäherung der strahlenden Substanz an die Zählrohrwand gelingt es, einen verhältnismäßig großen Raumwinkel auszunutzen. Das Zählrohr registriert naturgemäß nicht nur die von der Indikatorsubstanz emittierten Teilchen, sondern auch die γ-Strahlung des Erdbodens usw. sowie die kosmische Ultrastrahlung. Die beiden störenden Strahlungen veranlassen bei dem gezeichneten Zählrohr mit etwa 25 cm² Oberfläche unter den örtlichen Verhältnissen des Lichterfelder Laboratoriums bereits die Anzeige von etwa 60 Teilchen/Minute. Durch Einbau des Zählrohres z. B. in einen Abschirmkasten mit 20 mm Bleiwänden läßt sich dieser sog. *Nulleffekt* auf ungefähr 25 bis 30 Teilchen/Minute herabsetzen. Die Bauweise eines solchen Abschirmkastens mit einer Schlittenvorrichtung zur bequemen dichten Heranführung der Substanz mit dem radioaktiven Isotop an das Zählrohr ist ebenfalls in Fig. 1 mit dargestellt. Die Ausführung einer Zählrohreinheit ähnlicher Bauart zeigt die Photographie Fig. 2. Bei der gewählten Geometrie ergaben Messungen von

---
[1] GEIGER, H.: Negative und positive Strahlen. Handbuch der Physik. Berlin: Springer 1933.

F. G. HOUTERMANS im hiesigen Laboratorium mit Hilfe von Standards aus Uranglas von $22 \cdot 32^{-1}$ mm mit genau bekanntem Urangehalt, daß jedes dritte emittierte β-Teilchen vom Zählrohr angezeigt wurde. Daraus folgt eine *Ansprechwahrscheinlichkeit dieses β-Zählrohres* von $^1/_3$. Sorgt man dafür, daß die zu messende Substanz mit dem radioaktiven Isotop auf die angegebene Fläche verteilt wird und daß ihre Schichtdicke zusammen mit der geringen Massendicke der Zählrohrwand klein bleibt gegen die Eindringtiefe der emittierten Teilchen

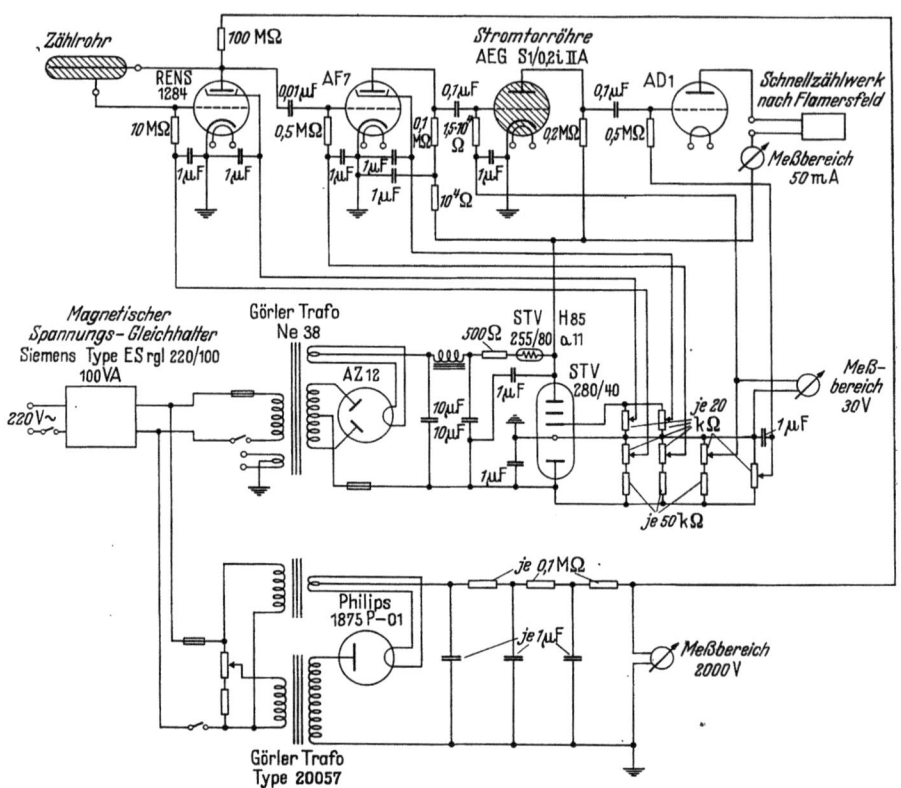

Fig. 3. Gesamtschaltung einer Zählrohrmeßanlage.

von der jeweils gegebenen Energie (unten Tabelle I), so bleibt der obige Zahlenwert für die Ansprechwahrscheinlichkeit erhalten. Die Bedingung geringer β-Teilchenabsorption in der Schicht bedeutet $\gamma \cdot d \ll 1$ ($\gamma =$ Absorptionskoeffizient in cm^{-1}, $d =$ Schichtdicke in cm). Für die Energien von 0,1 bis 2 MeV besitzt Massenabsorptionskoeffizient γ/ϱ Werte zwischen 220 und 4. Bei bekannter Ansprechwahrscheinlichkeit ist die jeweilige Aktivität des strahlenden Stoffes nicht nur relativ zur Aktivität anderer Präparate, sondern auch ihrem absoluten Wert nach bestimmt.

Die *Schaltung einer Verstärkereinrichtung mit Hochspannungsnetzgerät* zur Zählrohreinheit, die sich praktisch gut bewährt hat, ist in Fig. 3 mit allen Daten angegeben. Eine Erläuterung der in üblicher Weise mit NEHER-HARPER-Eingangskreis und Stromtorröhre arbeitenden Schaltung erübrigt sich in diesem Zusammenhang[1]. Erwähnt sei nur, daß zur völligen Konstanthaltung der

---

[1] Vgl. hierzu z. B. F. REHBEIN: Verstärker und Netzgeräte für den Betrieb mit Zählrohren. Chem. Techn. **15**, 29 (1942).

Verstärkungseigenschaften und vor allen Dingen des Arbeitspunkts auf der Zählrohrcharakteristik sich die Vorschaltung eines magnetischen Gleichhalters vor das Hochspannungsgerät des Zählrohres und den Netzteil des Röhrenverstärkers als zweckmäßig erwiesen hat. Eine Einrichtung nach Art der Fig. 3 registriert mit dem angegebenen Zählwerk nach Messungen des Verfassers *periodische* Impulsen (und streng genommen nur diese) von etwa $7 \cdot 10^{-3}$ sec. Trotz dieses hohen Auflösungsvermögens ist bei Aktivitätsmessungen, denen naturgemäß eine statistische Teilchenfolge zugrunde liegt, darauf zu achten, daß höchstens Aktivitäten bis zu 1500 Zählstößen pro Minute vorkommen. Bei noch höheren Aktivitäten[1] ist, da eine definierte künstliche Schwächung des Präparates oder eine Messung bei stärker abgeklungener Intensität oft Schwierigkeiten bereitet, die Zwischenschaltung einer zweckmäßig mehrstufigen Untersetzereinheit mit Hochvakuumelektronenröhren nützlich. Solche Untersetzer bewirken,

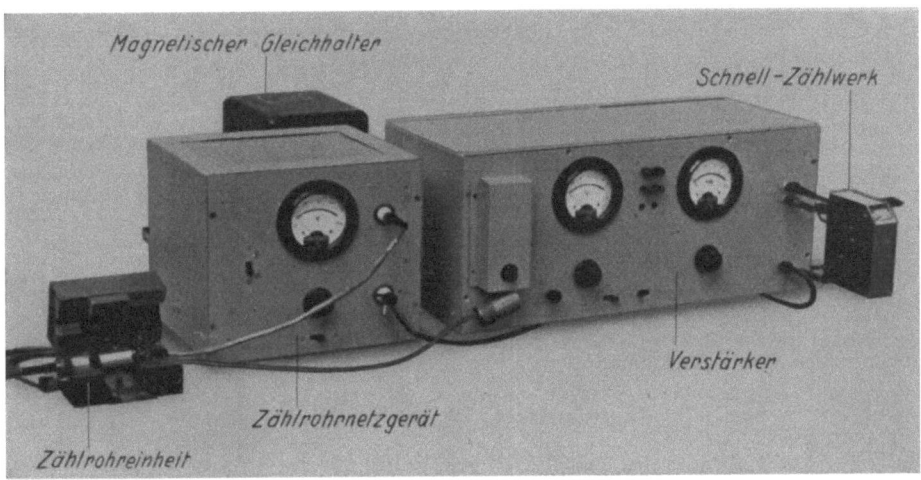

Fig. 4. Blick auf eine der Zählrohrmeßanlagen im Laboratorium des Verfassers.

daß nur jeder 2., 4., 8. oder 16. Zählstoß registriert wird. Durch die Untersetzung der Stoßzahlen wird die Frage der Stromstöße im Zählwerk zugleich etwas regelmäßiger, wodurch eine weitere Entlastung des mechanischen Zählwerkes eintritt. Bei den angegebenen Bauelementen empfiehlt es sich nicht, über eine 16fache (4stufige) Untersetzung hinauszugehen, weil sonst bei der vorliegenden Bemessung die Tätigkeit des Verstärkers selbst nicht mehr zu vernachlässigen wäre. Für die zukünftige Entwicklung der kernphysikalischen Zähltechnik scheint trotz des zunächst geringeren ausgenutzten Raumwinkels der Einsatz des *Elektronenvervielfachers als Elektronenzähler*[2] in Kombination mit einem Breitbandverstärker und gegebenenfalls mit nach den Erfahrungen der Fernsehtechnik bemessenen Untersetzerschaltungen aussichtsreich, weil bei diesem Vorgehen die Spanne zwischen größter und kleinster meßbarer Aktivität mehrere Größenordnungen weiter ist als bei den heute üblichen Zählanlagen. Aus diesem Grunde sind entsprechende Entwicklungsarbeiten im hiesigen Laboratorium eingeleitet worden. — Für besonders große Aktivitäten empfiehlt sich die einfache und bekannte *Zählrohrstrommessung* oder die *Strommessung mit Ionisationskammer und Elektrometer*.

---
[1] Bis 2000 Teilchen pro Minute kann noch unter Anwendung einer Korrekturrechnung gemessen werden.
[2] BAY, Z.: Elektronen-Vervielfacher als Elektronenzähler. Z. Phys. **117**, 227 (1941).

Die Ansicht einer Zählrohrmeßanlage nach Fig. 3 bringt die Photographie Fig. 4. Um einen Überblick über den erforderlichen *Aufwand* zu geben, sei erwähnt, daß im Laboratorium des Verfassers zur Zeit 7 Zählrohrmeßanlagen und 4 Meßplätze mit Ionisationskammer und Elektrometer zur Verfügung stehen. Die Möglichkeit, *gleichzeitig* mit einer Anzahl unabhängiger Meßeinrichtungen die Aktivität bestimmen zu können, ist wertvoll, wenn mit Isotopen kurzer Halbwertszeit gearbeitet werden muß und vor allem dann, wenn außerdem das Schicksal der markierten Substanz bei mehrgliedrigen Reaktionsketten oder räumlichen Verteilungsvorgängen ermittelt werden soll.

Meßvorgang	Meßdauer (min)	Teilchenzählung (Stöße/min)	Zeit[1]
1. Empfindlichkeit des Zählrohrs (z. B. gemessen mit Uranstandard)	($\sim$ 10 min)	N_1	
2. Nulleffekt	τ ($\sim$10 min bis $1/2\, \Delta t$)	$\dot{N}_2$	
3. Messung des Indikators	τ_3 ($\sim$10 bis 100 min)	N_3	t_0 = Ende der Bestrahlung t_1 = Anfang der Messung t_2 = Ende der Messung
4. Empfindlichkeit des Zählrohrs	wie bei 1	N_4	
5. Nulleffekt	$\tau_5 = \tau_2$	N_5	

[1] Notierung der einzelnen Zeitwerte nur erforderlich bei Messung von Indikatoren mit abklingender Aktivität (s. unten).

Nulleffekt $\quad \Phi = \dfrac{N_2 + N_5}{2}$

Meßdauer des Nulleffekts $\quad \tau_\Phi = \tau_2 + \tau_5$

Indikatoreffekt $\quad E = N_3 - \Phi \quad$ (Stöße/min)

Fehler von $E \quad \delta E = \sqrt{\dfrac{N_3}{\tau_3} + \dfrac{\Phi}{\tau_\Phi}}$

relativer Fehler $\quad \delta = \dfrac{\delta E}{E}$

Fig. 5. Einzelmessung eines Indikators mit nahezu konstanter Aktivität.

Im Interesse eines kleinen Nulleffektes des Zählrohres ist bekanntlich bei stärkeren Atomumwandlungsanlagen ein größerer Abstand zwischen diesen und den Zählrohrapparaturen wünschenswert. Um trotzdem auch Isotope mit besonders kurzer Halbwertszeit für die Arbeiten heranziehen zu können, sind vom Verfasser verschiedene Meßplätze bzw. chemische Laboratorien zur Durchführung von Abtrennungen mit den Bestrahlungsanlagen der beiden hiesigen Institute durch *Rohrpost* verbunden worden.

Die *Durchführung und Auswertung der Aktivitätsmessungen* ist in den Fig. 5 bis 8 beschrieben[1]. Die Meßmethode wurde etwa in der vorliegenden Form vor einigen Jahren durch F. G. HOUTERMANS im hiesigen Laboratorium eingeführt.

---

[1] Bei Rechnung mit Ausdrücken der Form $1 - e^{-x}$ kann bekanntlich für $x \ll 1$ die Näherung $1 - e^{-x} \approx x$ benutzt werden.

Aus Fig. 5 ist ersichtlich, wie die Einzelmessung an einem Indikator mit konstanter Aktivität durchgeführt wird. Etwas komplizierter ist die Berechnung der Aktivität eines Indikators mit abklingender Intensität gemäß Fig. 6. Der rückdatierte Effekt E_a ist hierbei derjenige Effekt, der bei Beginn der Messung zur Zeit t_1 herrscht. Hieraus ist der Anfangseffekt E_0 leicht zu berechnen. Zum bequemen Vergleich von Effekten bei verschiedener Bestrahlungsdauer ist es zweckmäßig, den jeweiligen Anfangseffekt auf unendliche Bestrahlungsdauer umzurechnen ($E_{\text{sätt}}$). Fig. 7 zeigt die Auswertung einer Meßreihe nach den Grundsätzen der Fehlertheorie.

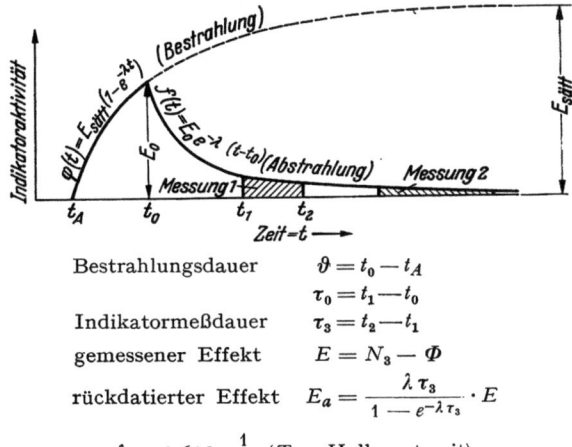

Bestrahlungsdauer $\vartheta = t_0 - t_A$
$\tau_0 = t_1 - t_0$
Indikatormeßdauer $\tau_3 = t_2 - t_1$
gemessener Effekt $E = N_3 - \Phi$
rückdatierter Effekt $E_a = \dfrac{\lambda \tau_3}{1 - e^{-\lambda \tau_3}} \cdot E$

$\lambda = 0{,}693 \cdot \dfrac{1}{T}$ (T = Halbwertszeit)

Anfangseffekt $E_0 = e^{\lambda \tau_0} \cdot E_a = \dfrac{\lambda \tau_3 \cdot e^{\lambda \tau_0}}{1 - e^{-\lambda \tau_3}} \cdot E$

Auf unendlich lange Bestrahlungsdauer umgerechneter Effekt

$$E_{\text{sätt}} = \dfrac{1}{1 - e^{-\lambda \vartheta}} \cdot E_0$$

Fig. 6. Einzelmessung eines Indikators mit abklingender Intensität.

Da der Fehler bei Zählung statistisch verteilter Stöße umgekehrt proportional der Wurzel aus der Meßdauer ist, erhebt sich die Frage nach der rationellsten Aufteilung der Gesamtmeßdauer in Indikatormeßdauer und Messung des Nulleffektes. Für den Fall nahezu konstanter Aktivität gibt Fig. 8 das gesuchte Zeitverhältnis in Abhängigkeit vom Verhältnis Meßeffekt zu Nulleffekt sowie auch den relativen Fehler. Die graphische Darstellung Fig. 9 veranschaulicht den *Zusammenhang zwischen Meßdauer und erforderlicher Stoßzahl für einen konstanten Nulleffekt und zwei relativen Meßgenauigkeiten.* Die Größe α wurde zur Vereinfachung der Darstellung eingeführt. Der aus Fig. 9 abgelesene Stoßzahlwert E ist mit den drei dort definierten Faktoren k_1, k_2, k_3 zu multiplizieren, um die tatsächlich erforderliche Gesamtaktivität des Indikators E_{res} zu finden.

Anzahl der Einzelmessungen $= n$
Einzelergebnisse $= E_1, E_2, E_3 \cdots E_n$
Gewicht der Einzelmessung $P_i = \dfrac{1}{\delta_i^2}$
Gesamtergebnis $\bar{E} = \dfrac{p_1 E_1 + p_2 E_2 + \cdots p_n E_n}{p_1 + p_2 + \cdots p_n}$
Fehler des Gesamtergebnisses
$\overline{\delta E} = \sqrt{\dfrac{\bar{E} + \bar{\Phi}}{\sum \tau_3} + \dfrac{\bar{\Phi}}{\sum \tau_\Phi}}$
relativer Fehler des Gesamtergebnisses $\delta = \dfrac{\overline{\delta E}}{\bar{E}}$

Fig. 7. Mehrfachmessung eines Indikators.

Der Faktor k_1 ergibt sich aus der Ansprechwahrscheinlichkeit der Zählrohreinheit zu etwa 3. Der Faktor k_2 berücksichtigt bei Isotopen mit kurzer Halbwertszeit gemäß Fig. 6 das Abklingen der Aktivität. Die bei dem Einsatz der bestrahlten Substanz sich z. B. durch Verteilung auf größere Volumina eintretenden Verluste bedingen einen weiteren Korrekturfaktor k_3. *Aus den Beziehungen der Fig. 9 folgt die jeweils notwendige Anfangsradioaktivität der Indikatorsubstanz.* Durch welchen Aufwand diese Aktivität praktisch bei

Forderung für rationelle Zeitausnutzung: Die für die Messung zur Verfügung stehende Zeit $\tau = \tau_3 + \tau_\Phi$ ist so zwischen τ_3 und τ_Φ aufzuteilen, daß der Meßfehler von $E = \delta E$ ein Minimum wird. Hieraus folgt:

$$\frac{\tau_\Phi}{\tau_3} = \frac{1}{\sqrt{x+1}}, \quad \text{wobei} \quad x = \frac{E}{\Phi} \text{ ist.}$$

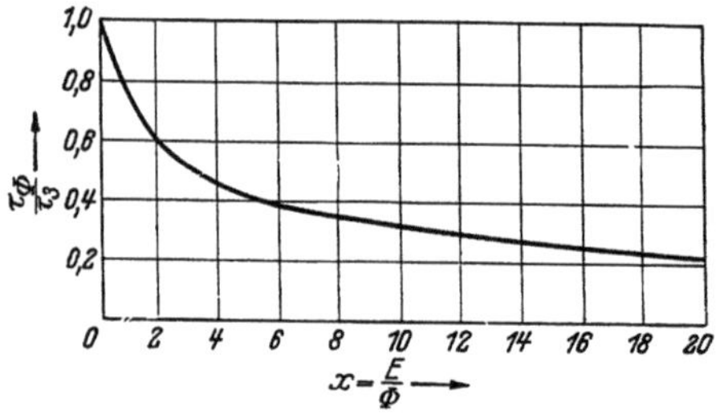

Fehler von E $\quad \delta E = \sqrt{\dfrac{E + \Phi + \sqrt{\Phi}\sqrt{E+\Phi}}{\tau_3}}$

relativer Fehler

$$\delta = \frac{\delta E}{E} = \frac{1}{E} \cdot \sqrt{\frac{\Phi}{\tau_3}} \cdot \sqrt{x+1+\sqrt{x+1}}$$

Beziehung zur Ermittlung der erforderlichen Stoßzahl:

$$\alpha E = 3{,}78 \cdot \frac{1}{\delta} \cdot \sqrt{\frac{\Phi}{\tau_3}}$$

$$\alpha = \frac{3{,}78}{\sqrt{x+1+\sqrt{x+1}}}$$

Fig. 8. Einzelmessung mit rationeller Zeitausnutzung.

der ausgewählten Herstellungskernreaktion erzielbar ist, wird in einem späteren Kapitel abgeschätzt werden.

b) Das photographische Verfahren.
Methode und Bestimmung der erforderlichen Aktivität.

Bei vielen im Vorwort erwähnten Anwendungen der Indikatormethode genügt es, durch verhältnismäßig wenige Messungen die bestimmten Volumen- oder Gewichtselementen des Objektes zugeordnete Aktivität zu bestimmen. Dann ist das hoch empfindliche und sehr genaue Zählrohrverfahren vorzüglich am Platze. Die Handhabung dieses Verfahrens gestaltet sich um so schwieriger, je kompliziertere Verzweigungen analysiert werden sollen. Daß bei Isotopen mit sehr kurzer Halbwertszeit in solchen Fällen viele gleichzeitig benutzbare Meßplätze vorhanden sein müssen, wurde schon oben erwähnt. Bei dieser Sachlage ist es nicht überraschend, daß in neueren Arbeiten[1] über die Anwendung radioaktiver Indikatoren in Biologie und Medizin das *photographische Verfahren* zur Untersuchung der Aktivitätsverteilung dünner Objektschichten einen verhältnismäßig großen Raum einnimmt. Die Registrierung der örtlichen Aktivität erfolgt bei den künstlich radioaktiven Indikatoren, praktisch ausschließlich durch die von ihnen ausgesandten Elektronen oder Positronen.

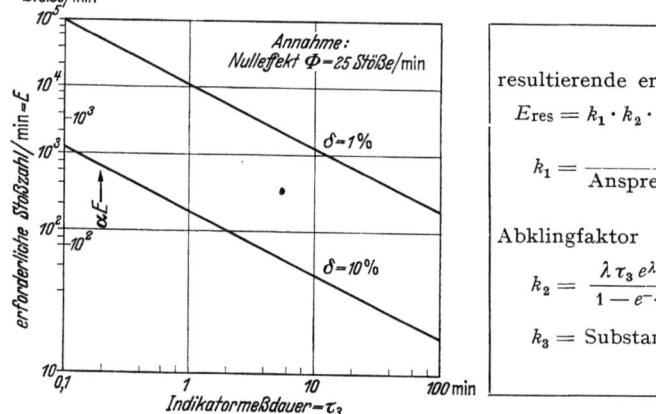

resultierende erforderliche Aktivität
$$E_{\text{res}} = k_1 \cdot k_2 \cdot k_3 \cdot E$$

$$k_1 = \frac{1}{\text{Ansprechwahrscheinlichkeit}} \approx 3$$

Abklingfaktor

$$k_2 = \frac{\lambda \tau_3 e^{\lambda \tau_0}}{1 - e^{-\lambda \tau_3}}$$

$k_3 =$ Substanzverlustfaktor

Fig. 9. Beziehung zwischen erforderlicher Aktivität und Indikatormeßdauer für verschiedene Meßgenauigkeiten.

---

[1] Vgl. z. B. J. G. HAMILTON: Applications of Radioactive Tracers to Biology and Medicine. J. applied Physics **12**, 440 (1941).

Da das Geschwindigkeitsspektrum der beim Zerfall emittierten Teilchen einen kontinuierlichen Charakter besitzt und da achromatische Elektronenlinsen für Abbildungssysteme mit rotationssymmetrischen Optiken nicht zur Verfügung stehen, kommt leider eine unmittelbare Abbildung der Aktivitätsverteilung von Objekten durch die emittierten Teilchen mit den Mitteln der Elektronenoptik kaum in Frage. In besonders gelagerten Fällen scheint eine Abbildung mit achromatischen elektronenoptischen Zylinderlinsensystemen anwendbar. Der elektronenoptische Weg einer Homogenisierung und Ausrichtung der beim Zerfall emittierten Teilchen durch mit den Methoden der Höchstspannungstechnik erzielte Nachbeschleunigungsfelder dürfte nur bei Zerfallsreaktionen mit besonders niedrigen Energieen der Teilchen bzw. bei Beschränkung auf durch die primären Teilchen ausgelöste Sekundärelektronen Aussicht haben. Inzwischen wird man sich begnügen müssen, die Verteilung der β-Aktivität in dünnen Objektivschichten auf dem Wege der *Kontaktphotographie*[1] zu untersuchen. Hierbei wird die mit den radioaktiven Isotopen durchsetzte

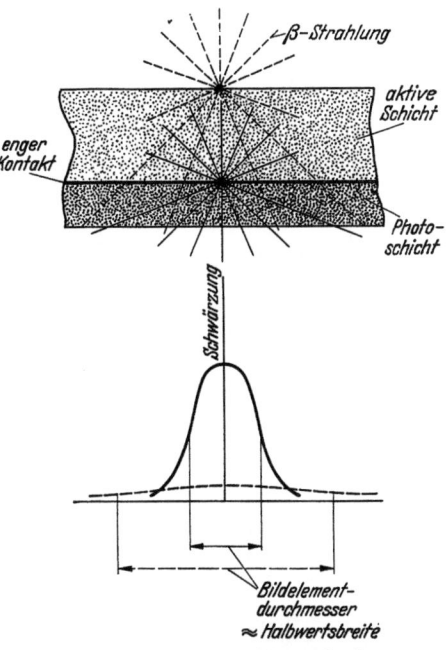

Fig. 10. Die Abhängigkeit des Bildelementdurchmessers von der Dicke der durchstrahlten Schichten bei der Herstellung von Kontaktradiographien.

Schicht fest auf die registrierende photographische Schicht gepreßt. Beispielsweise bei der Aufnahme von Pflanzen ist es praktisch notwendig, zur Fernhaltung

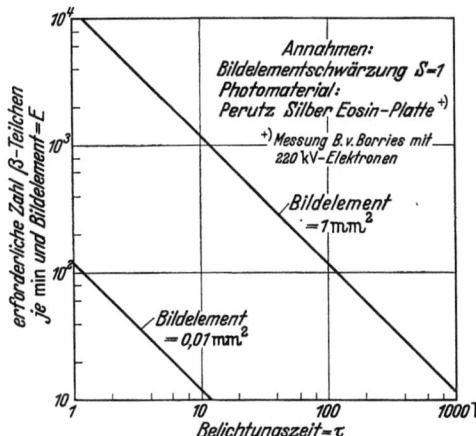
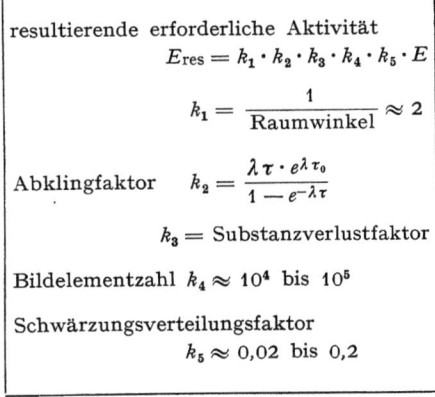

resultierende erforderliche Aktivität
$$E_{res} = k_1 \cdot k_2 \cdot k_3 \cdot k_4 \cdot k_5 \cdot E$$

$$k_1 = \frac{1}{\text{Raumwinkel}} \approx 2$$

Abklingfaktor $\quad k_2 = \dfrac{\lambda \tau \cdot e^{\lambda \tau_0}}{1 - e^{-\lambda \tau}}$

$k_3 =$ Substanzverlustfaktor

Bildelementzahl $k_4 \approx 10^4$ bis 10^5

Schwärzungsverteilungsfaktor
$\quad k_5 \approx 0,02$ bis $0,2$

Fig. 11. Beziehung zwischen erforderlicher Aktivität, Bildelementzahl und Belichtungszeit für verschiedene Bildelementgrößen. (Durchrechnungsbeispiel siehe Seite 15.)

der Pflanzensäfte von der Photoschicht eine dünne porenfreie Trennschicht (z.B. Cellophan) vorzusehen. Der Faktor k_1 ist bei dieser Registrierungsart stets

---
[1] ERBACHER, O.: Radiographien durch künstliche Elektronenstrahler bei biologischen Untersuchungen. Z. Photograph. **1**, 141 (1939).

nahezu 2, da die ganze nach einer Seite gehende Strahlung ausgenutzt wird. Aus der Darstellung Fig. 10 ist unmittelbar einzusehen, daß die Abbildungsschärfe und die Empfindlichkeit dieser Methode sich um so günstiger gestaltet,

Fig. 12. Kontaktradiographie der Verteilung von radioaktivem Phosphor in den Blättern einer Tomatenpflanze. Die Blätter wurden von der Pflanze 36 Stunden nach Zugabe eines aktiven Phosphates in die Nährlösung entfernt. (Aufnahme STOUT.)

je dünner die Präparatschicht ist, auf die die aktive Substanz konzentriert wird und in gewissen Grenzen auch je dünner die Photoschicht ist. Ein Anpassungsoptimum ist praktisch etwa dann gegeben, wenn aktive Schicht und Photoschicht gleich dünn gewählt werden. Muß die Präparatschicht aus einem ursprünglich sehr dicken Objekt beispielsweise mit Hilfe eines Mikrotoms herausgeschnitten werden, so geht die Verringerung der Schichtdicke natürlich auf Kosten der Substanzausnutzung. Vielfach kann durch Pressen[1], Trocknen,

---

[1] Vgl. hierzu z. B. das Titelbild dieser Schrift.

Veraschen sowie durch geeignet geführte chemische Manipulationen die Präparatschichtdicke reduziert und damit der in Fig. 10 erläuterte Bildelementdurchmesser der Kontaktradiographie herabgesetzt werden. Bei der photographischen Platte dürfte die Reduktion der Schichtdicke durch Verringerung des Gehaltes an Bindemittel für die erreichbare Bildschärfe nützlich sein.

Um wieder für die jeweilige Forschungsaufgabe die erforderliche Gesamtaktivität des benutzten Isotops vorausbestimmen zu können, ist in Fig. 11 eine *Darstellung über die Beziehung zwischen erforderlicher Aktivität, Bildelementzahl und Belichtungszeit für zwei verschiedene Bildelementgrößen* gegeben worden. Die Darstellung stützt sich auf Messungen von B. von Borries[1] mit 220 kV-Elektronen an der angegebenen Photoschicht. Für größere und mittlere Teilchengeschwindigkeiten ändern sich die Ordinatenwerte deswegen nicht wesentlich, weil dem Ansteigen der kinetischen Energie bei zunehmender Teilchengeschwindigkeit die größere Durchdringungsfähigkeit der Teilchen entgegenwirkt. Als notwendige Schwärzung eines stark bestrahlten Bildelements ist $S = 1$ angenommen.

An Hand der einer amerikanischen Literaturstelle[2] entnommenen *Kontaktradiographie* Fig. 12 sei ein Beispiel für die Anwendung der Darstellung Fig. 11 gegeben. Bei dieser Abbildung wird die Verteilung von radioaktivem Phosphor in den Blättern einer Tomatenpflanze sichtbar. Die Blätter wurden von der Pflanze 36 Stunden nach Einführung eines aktiven Phosphates in die Nährlösung entfernt. Mit Hilfe der Fig. 11 soll abgeschätzt werden, welche Gesamtaktivität von radioaktivem Phosphor bei einer angenommenen Belichtungszeit von 100 Stunden notwendig ist, um etwa ein Bild nach Art der Fig. 12 entstehen zu lassen. Für diese Belichtungszeit und die auf diesem Bilde ungefähr bestehende Bildelementfläche von 1 mm² entnehmen wir der Fig. 11 eine erforderliche Zahl β-Teilchen pro Minute von $E = 10^2$. Wie schon oben erwähnt, ist bei Kontaktphotographie angenähert $k_1 = 2$. Der Abklingfaktor berechnet sich für Radiophosphor mit der Halbwertszeit 14,3 Tage und für einen Belichtungsbeginn von 40 Stunden nach Ende der Bestrahlung sowie für ein Belichtungsende von 140 Stunden nach Schluß der Bestrahlung zu $k_2 = 1,2$. Den Verlusten an aktiver Substanz durch Verteilung auf mehrere Zweige der Tomate und durch unvollkommene Aufnahme der Nährlösung über die Wurzel wird durch Wahl von $k_3 = 20$ Rechnung getragen. Der die Bildelementzahl berücksichtigende Faktor wird für eine Aufnahme der in Fig. 12 vorliegenden Schärfe und Größe zu $k_4 = 25000$ angenommen. Gut durchgeschwärzt wird das Negativ einer Aufnahme mit dem Charakter der Fig. 12 nur auf einer Fläche, die etwa $1/20$ der gesamten Bildfläche beträgt. Aus diesem Grunde wird der Schwärzungsverteilungsfaktor zu $k_5 = 0,05$ geschätzt. Aus der Ablesung und den fünf besprochenen Faktoren folgt, daß zur Durchführung der Aufnahme Fig. 12 bei 100stündiger Belichtungszeit Radiophosphor mit einer Gesamtaktivität von ungefähr $7 \cdot 10^6$ β-Teilchen pro Minute erforderlich ist. Diese Aktivität ist beispielsweise mit der weiter unten erwähnten Atomumwandlungsanlage von 1 Million Volt des Verfassers mit einer Bestrahlungsdauer von etwa 3 Stunden (n, p-Prozeß) zu erreichen. Zahlreiche mit Tomatenpflanzen unternommene eigene Versuche[3] ergaben eine befriedigende Übereinstimmung mit den Zahlenwerten der vorstehenden Abschätzungen.

---

[1] Borries, B. v.: Über die Intensitätsverhältnisse am Übermikroskop I. Phys. Z. **43**, 190 (1942).
[2] Hamilton, J. G.: L. c.
[3] Bei diesen Versuchen und auch hier bei den Arbeiten, die zur Aufnahme des Titelbildes führten, wurden dem Verfasser geeignete Pflanzenexemplare von der Versuchsstation des Kalisyndikats, Lichterfelde Süd freundlicherweise zur Verfügung gestellt.

Interessant ist ein *Empfindlichkeitsvergleich des Zählrohrverfahrens mit dem photographischen Verfahren*. Bei einem solchen Vergleich entspricht der Nulleffekt beim Zählrohrverfahren dem Schleierwert beim photographischen Verfahren, und die Einzelmessung beim ersteren der Belichtung eines einzelnen Bildelementes beim letzteren. Unter der Annahme, daß die Indikatormeßdauer gleich der Belichtungszeit bemessen wird, und in Berücksichtigung der Zahlenwerte für die verschiedenen Faktoren k_1 bis k_3 bzw. k_1 bis k_5 bei den beiden Verfahren ergibt sich die Faustregel, daß *das Zählrohrverfahren dem Photoverfahren etwa so viel an Empfindlichkeit überlegen ist, als bei dem letzteren das Bild Bildelemente enthält*. Bei Einsatz des photographischen Verfahrens für die Durchführung einzelner Messungen ergibt sich also, daß seine Empfindlichkeit dem Zählrohrverfahren nicht wesentlich nachsteht. Bei seinem Einsatz für die Gewinnung von Bildern wird je nach der verlangten Güte der Kontaktradiographien die erforderliche Gesamtradioaktivität 3[1] bis 5 Größenordnungen höher liegen als die erforderliche Aktivität beim Zählrohrverfahren.

II. Die verschiedenen Wege zur Herstellung künstlich radioaktiver Isotope.

Seit der Entdeckung der künstlichen Radioaktivität im Jahre 1934 durch I. CURIE und F. JOLIOT sind mehr als 1 Dutzend Möglichkeiten aufgefunden worden, um künstlich radioaktive Isotope herzustellen[2]. Unter diesen scheidet die Mehrzahl der Prozeßarten für die hier besprochene Arbeitsrichtung aus, weil bei ihnen entweder die Ausbeuten zu klein sind oder praktische und technische Gesichtspunkte entgegenstehen. Es sind in erster Linie die drei im folgenden besprochenen Wege, die zur Herstellung künstlich radioaktiver Isotope mit hoher Aktivität herangezogen werden.

a) Direkte Bestrahlung stabiler Isotope mit schnellen leichten Ionen.

Der historisch naheliegende Weg zur Gewinnung radioaktiver Isotope ist die Beschießung stabiler Isotope mit schnellen leichten Ionen. Als Geschosse, die gute Ausbeuten geben, kommen nur *Protonen, Deuteronen* oder *α-Teilchen* in Frage. Damit diese Teilchen in den Bereich des beschossenen Kernes eindringen und die Atomkernumwandlung auslösen, müssen sie eine so hohe Geschwindigkeit besitzen, daß sie den abstoßenden jeden Kern umgebenden Potentialwall mit gutem Wirkungsquerschnitt überwinden. Bei der absoluten Größe dieser Potentialschwelle, die bekanntlich mit zunehmender Ordnungszahl des beschossenen Kernes stark ansteigt, kommt für die Herstellung der hoch beschleunigten Ionen zum Zwecke der unmittelbaren Bestrahlung fast ausschließlich das *Zyklotron*[3] in Frage, denn nur dieses gestattet die erforderlichen Voltgeschwindigkeiten zu erreichen. Die meisten Prozesse, die bei direkter Bestrahlung zu radioaktiven Isotopen führen, benutzten *Deuteronen als Geschosse*. Da die Umstellung und optimale Einjustierung eines Zyklotrons auf andere Teilchenarten außerordentliche Schwierigkeiten bereitet, wird man praktisch nur mit einer Geschoßart, und zwar mit Deuteronen arbeiten. Aus diesem Grunde sind in der weiter unten gegebenen Zusammenstellung für den Fall der direkten

---

[1] Vgl. zu dieser Zahlenangabe beispielsweise die relativ unscharfen Mikroradiographien von Mikrotomschnitten in den Fig. 12 bis 15 der Arbeit J. G. HAMILTON, l. c.
[2] Vgl. z. B. J. MATTAUCH u. S. FLÜGGE: Kernphysikalische Tabellen. Berlin: Springer 1942 und W. RIEZLER: Tabellen und Tafeln zur Kernphysik. Bibliographisches Institut. Leipzig 1942.
[3] LAWRENCE, E. O. and D. COOKSEY: On the Apparatus for the Multiple Acceleration of Light Ions to High Speeds. Phys. Rev. **50**, 1131 (1936) und die dort angegebene ältere Literatur.

Bestrahlung nur Reaktionen aufgeführt, die bei Beschuß mit Deuteronen entstehen. Die Mehrzahl der heute bekannten Zyklotron-Anlagen besitzt Polschuhdurchmesser von etwa 1 m und Magnetfeldstärken in der Schachtel zwischen 13 und 15 000 Gauß. Der größte Teilchenradius entspricht für diese Zahlenwerte und Deuteronen einer Geschwindigkeit von 8 bis 10 Millionen Volt. Mit diesen Deuteronengeschwindigkeiten lassen sich in direktem Beschuß und bei brauchbarer Ausbeute radioaktive Isotope etwa bis zur Ordnungszahl des Jod (53) herstellen. Zur Erzeugung radioaktiver Isotope höherer Ordnungszahl kommt fast ausschließlich die Bestrahlung mit Neutronen in Frage, die als elektrisch neutrale Teilchen nicht den oben erwähnten Abstoßungskräften unterliegen.

b) Bestrahlung stabiler Isotope mit Neutronen.

Das radioaktive Isotop entsteht bei *Einwirkung langsamer Neutronen auf das stabile Isotop*, indem sich jeweils ein Neutron infolge seiner großen Verweilzeit an den umzuwandelnden Atomkern mit relativ hoher Wahrscheinlichkeit anlagert. Hierbei wird die Masse des stabilen Isotops um eine Einheit vergrößert und der dem Massendefekt entsprechende Energieanteil in Form von γ-Strahlung emittiert. Mit dem größten Wirkungsquerschnitt reagieren daher meist Neutronen von thermischer Geschwindigkeit. Da andererseits die Kernreaktionen zur Erzeugung von Neutronen nur mittelschnelle und schnelle Neutronen liefern, so ist man gezwungen, die Neutronen abzubremsen. Als Bremsmittel dienen stark wasserstoffhaltige Substanzen (Stearin, Wasser). Die mittlere Reichweite schneller Neutronen in diesen Bremssubstanzen beträgt einige Dezimeter. Aus diesem Grunde muß zur Erreichung eines brauchbaren Wirkungsgrades die mit thermischen Neutronen zu bestrahlende Substanz möglichst auf den gesamten Raum verteilt werden, der von der Neutronenwolke in der Bremssubstanz erfüllt ist. Oft ist eine so vollständige Vermengung von Bremsmittel und zu bestrahlendem Isotop nicht möglich; es ist dann üblich, die zu bestrahlende Substanz in das Innere eines gröberen Blocks von Bremssubstanz zu bringen.

Auch die *Einwirkung mit schnellen Neutronen* hat, wie ein wichtiger Weg der Gewinnung des radioaktiven Phosphors $^{32}_{15}P$ zeigt, praktische Bedeutung. Hier ist ausnahmsweise die Wahrscheinlichkeit des (n, p)-Prozesses mit schnellen Neutronen sehr viel größer als der mit thermischen Neutronen entstehende Einfangprozeß (n, γ).

Die *Erzeugung der schnellen primären Neutronen* kann mit natürlichen Radiumpräparaten vorgenommen werden, indem in einem geschlossenen Röhrchen das Radiumelement etwa mit dem 10fachen Gewicht Beryllium-Pulver durchmischt wird. Dann entstehen durch die Reaktion

$$^{9}_{4}Be + ^{4}_{2}He \rightarrow ^{12}_{6}C + ^{1}_{0}n$$

bei einem Aufwand von 1 g Radiumelement etwa $2 \cdot 10^7$ Neutronen pro Sekunde. Obwohl der Ausbeutefaktor insbesondere für thermische Neutronen bei den meisten in Frage kommenden Kernreaktionen relativ groß ist (Größenordnung 10^{-1} bis 10^{-2} je nach Geometrie), kommen natürliche Radiumpräparate als Energiequellen für die Methode der radioaktiven Indikatoren nur selten in Frage. Wohl dagegen leisten solche Präparate als *Neutronenstandards* für Eich- und Meßzwecke vorzügliche Dienste. Intensitätsverhältnisse, die um etwa 2 bis 3 Größenordnungen günstiger sind als bei Einsatz natürlicher Präparate von 0,1 bis 1 g Aufwand an Radiumelement lassen sich mit Hilfe von Hochspannungsgeneratoren nach dem Kaskadenprinzip bzw. dem Prinzip des elektrostatischen Bandgenerators verwirklichen. Die Ansicht einer im Laboratorium des Verfassers

Fig. 13. Ansicht der 1 Million Volt-Atomumwandlungsanlage im Laboratorium des Verfassers.

errichteten *Atomumwandlungsanlage*[1] *für Spannungen bis zu etwas über 1 Million Volt* zeigt Fig. 13. Das im Vordergrund sichtbare sechsstufige Entladungsrohr

---

[1] ARDENNE, M. v. u. F. BERNHARDT: Über eine Atomumwandlungsanlage für Spannungen bis zu 1 Million Volt. Z. Phys. **121**, 236 (1943).

wird hier von einem bei Atmosphärendruck arbeitenden Bandgenerator nach VAN DE GRAAFF gespeist. Bei der Neutronenerzeugung mit Hilfe der Reaktion

$$_3^7\text{Li} + {}_1^2\text{D} \rightarrow 2\,{}_2^4\text{He} + {}_0^1 n$$

beträgt das Ra-Be-Äquivalent der Anlage nach einer direkten Vergleichsmessung zur Zeit etwa 65 g Radium. Aus den in vorliegender Arbeit gegebenen Beziehungen und Unterlagen über die für den Einsatz dieser Indikatormethode jeweils erforderliche und erzielbare Aktivität geht hervor, daß diese Ergiebigkeit für die Bearbeitung sehr vieler Forschungsaufgaben bereits ausreicht. Ra-Be-Äquivalente von vielen Kilogramm Radium sind mit den im Zyklotron erzielbaren Deuteronengeschwindigkeiten und Deuteronenströmen (Größenordnung 10 μ Amp.) zu erreichen. Ob bei den hohen Energien der Umweg über (meist thermische) Neutronen noch rationell oder die Methode der unmittelbaren Bestrahlung überlegen ist, kann für viele wichtige Fälle an Hand des späteren Abschnittes B IV beurteilt werden. Völlig unentbehrlich ist die Verwendung von Neutronen bei dem im folgenden Kapitel besprochenen Weg zur Herstellung künstlich radioaktiver Isotope durch Spaltung von Urankernen.

c) Spaltung von Urankernen in radioaktive Isotope durch Neutroneneinwirkung.

Mit der Anfang 1939 erfolgten Entdeckung der *Urankernspaltung* von O. HAHN und F. STRASSMANN wurde eine weitere wichtige und sehr aussichtsreiche Möglichkeit zur Gewinnung radioaktiver Isotope im Bereich mittlerer Massenzahlen

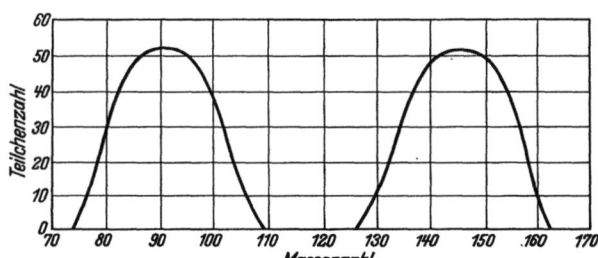

Fig. 14. Die Anzahl der Spaltprodukte bei der Uranspaltung mit thermischen Neutronen in Abhängigkeit von den Massenzahlen. (Nach W. JENTSCHKE und F. PRANKL.)

erschlossen. Schon heute sind 24 verschiedene chemische Elemente in Form von mehr als 80 verschiedenen aktiven Isotopen als direkte oder indirekte Kerntrümmer nachgewiesen. Man hat mit diesen künstlich radioaktiven Atomarten, worauf O. HAHN vor einiger Zeit ausdrücklich hinwies[1], einerseits neue mit den üblichen Methoden nicht herstellbare Indikatoren zur Verfügung, andererseits lassen sich schon länger bekannte in großer Ausbeute auf einfachem Wege gewinnen.

Die drei letzten natürlich vorkommenden Elemente im periodischen System besitzen bekanntlich den größten Neutronenüberschuß. Es ist daher verständlich, daß bei Uran durch Hinzufügung noch eines Neutrons ein instabiler Zwischenkern (Massenzahl nach neueren Untersuchungen 236 für langsame und 239 für schnelle Neutronen) entsteht. Im Gegensatz zu der geringfügigen Isotopenverschiebung bei den normalen Kernreaktionen zerplatzt der Zwischenkern in zwei Spaltprodukte von etwas verschiedenen Massenzahlen. Die Summe der Ordnungszahlen der Spaltprodukte ist hierbei immer gleich der Ordnungszahl des Ausgangsmaterials, während die Massenbilanz infolge von zwei emittierten Sekundär-

---
[1] HAHN, O.: Künstliche Atomumwandlungen und die Spaltung schwerer Kerne. Jena. Z. Med. u. Naturwiss. **76**, 36 (1942).

neutronen um zwei Masseneinheiten kleinere Werte liefert als die Massenzahl des Zwischenkernes. Über die Häufigkeit der Spaltprodukte in Abhängigkeit von den Massenzahlen bei Einwirkung mit *thermischen* Neutronen liegt bereits eine ausführliche Untersuchung vor[1], der die nebenstehende Fig. 14 entnommen ist. Aus dieser Abbildung ist zu entnehmen, daß nahezu symmetrische Spaltungen nicht vorkommen. Die Lücke, die etwa zwischen den Massenzahlen 108 und 128 besteht, kann zum Teil (wie im einzelnen aus der späteren Zusammenstellung zu ersehen ist) durch mit schnellen Neutronen hergestellte Spaltprodukte des Zwischenkernes der Massenzahl 239 überbrückt werden. Ob allerdings auch durch Urankernspaltung mit *schnellen* Neutronen bei dem heutigen Stande der Technik radioaktive Isotope aus dem Bereich dieser Massenzahlen für den praktischen Einsatz genügend rationell gewonnen werden können, erscheint trotz der hohen relativen Häufigkeit des $^{238}_{92}$U-Isotops fraglich.

III. Die Abtrennung hoch konzentrierter radioaktiver Isotope.

Damit die auf vorstehenden Wegen erhaltenen künstlich radioaktiven Isotope möglichst verlustfrei für die verschiedensten Forschungsaufgaben ausgenutzt werden können, ist es sehr oft notwendig, sie in eine hoch konzentrierte Form zu

Gewicht der inaktiven Ausgangssubstanz in g	10^{-1} bis 1	> 1000		10^{-1} bis 1	> 1000
Kernreaktion	$(d, \alpha)\ (d, n)\ (d, 2n)$	$(n, p)\ (n, \alpha)$	Urankernspaltung	(d, p)	$(n, \gamma)\ (n, 2n)$
Aufgabe	Reine Anreicherung des aktiven Isotops		Anreicherung aus Gemisch aktiver Isotope	Reine Anreicherung des aktiven Isotops	
	Aktive und inaktive Substanz *chemisch verschieden*			Aktive und inaktive Substanz *isotop*	
Wichtigstes Anreicherungsverfahren	Extrahierung nach Methoden der analytischen Chemie mit oder ohne Trägersubstanz gleicher Ordnungszahl			Extrahierung durch Ausnutzung der Rückstoßionisierung der aktiven Substanz	

$$\text{Erforderlicher Anreicherungsfaktor} = \frac{\text{Gewicht der inaktiven Ausgangssubstanz}}{\text{Jeweils zulässiges Gewicht der für die Untersuchung aufzuwendenden Substanz}}$$

Fig. 15. Schema zur Anreicherung des aktiven Isotops.

bringen. Besondere Bedeutung hat die Herbeiführung sehr großer Aktivitätsdichten, wenn es sich darum handelt, die Indikatorenmethode für die Untersuchung sehr kleiner Systeme, z. B. Stoffwechseluntersuchungen an Chromosomen, Insekten usw. einzusetzen. Der in Fig. 15 definierte *erforderliche Anreicherungsfaktor* ergibt sich einfach aus dem Verhältnis des Gewichts der inaktiven Substanz, auf die infolge des Entstehungsprozesses das radioaktive Isotop zunächst (in praktisch gewichtsloser Menge) verteilt ist, zum jeweils für die Untersuchungsaufgabe zulässigen Substanzgewicht. Die Größenordnung des Gewichtes

---

[1] JENTSCHKE, W. u. F. PRANKL: Energien und Massen der Urankernbruchstücke bei Bestrahlung mit vorwiegend thermischen Neutronen. Z. Phys. **119**, 696 (1942).

der inaktiven Substanz, mit der primär bei den verschiedenen Kernreaktionen zu rechnen ist, geht aus der obersten Spalte in Fig. 15 hervor. Eine besonders *hohe Anfangskonzentration der Aktivität* ist bei den Isotopen gegeben, die durch *direkte Bestrahlung einer dünnen Auffängerschicht* hergestellt werden (also z. B. durch die (d, α), (d, n), $(d, 2n)$, (d, p)-Prozesse). Wird die Dicke der Schicht nicht viel größer als die Reichweite der schnellen Teilchen in der Auffängersubstanz gewählt, so ist die Aktivität an eine besonders geringe Menge inaktiver Substanz gebunden. Beispielsweise braucht bei der Beschießung von $^{23}_{11}\text{Na}$ Natrium mit Deuteronen der Energie von 8 Millionen eVolt bei einer Auffängerfläche von 10 cm² das Gewicht der bestrahlten Natriumschicht nur etwa 68 mg zu betragen (Schichtdicke 0,7 mm). Nach physikalischer oder chemischer Ablösung der bestrahlten Schicht von der Trägerplatte steht die Indikatorsubstanz für Untersuchungen an mittleren und größeren Systemen einsatzbereit zur Verfügung. Nur für Arbeiten an sehr kleinen Systemen sind auch bei dieser Herstellungsart Anreicherungen bis etwa um den Faktor 10^2 bis 10^3 notwendig oder vorteilhaft. Anreicherungen bis um den Faktor 10^6 bis 10^8 kommen dagegen in Frage bei der Herstellung des radioaktiven Isotops durch die (n, p)-, (n, α)-, (n, γ)- und $(n, 2n)$-Prozesse bzw. durch Urankernspaltung. Dies liegt daran, daß wegen der großen freien Weglänge der Neutronen in den bestrahlten Substanzen erst bei sehr dicken Schichten (Größenordnung einige Dezimeter) mit guten Ausbeuten gerechnet werden kann.

Für die *Anreicherung radioaktiver Isotope* stehen neben üblichen Methoden der analytischen Chemie bekanntlich eine Anzahl sehr leistungsfähiger Spezialverfahren[1] zur Verfügung. Entscheidend für die Gestaltung des Verfahrens ist die Tatsache, ob durch die benutzte Kernreaktion ein aktives Isotop entsteht, das demselben Element angehört oder einem benachbarten, also chemisch verschiedenen Element. In diesem Zusammenhang sei auf das *Übersichtschema* Fig. 15 verwiesen. In den Fällen, wo das aktive Isotop chemisch verschieden ist, genügen sehr oft die üblichen Methoden der analytischen Chemie. Nur ist zur *Vermeidung von Adsorptionsverlusten* der gewichtslosen aktiven Substanz in der Regel eine geringe Menge *Trägersubstanz des gleichen Elements* (Größenordnung 10^{-3} g) dem Gemisch vor dem Anreicherungsprozeß hinzuzufügen. Bei Verwendung der Urankernspaltung ist der chemische Unterschied zwischen Ausgangssubstanz und gewünschtem aktivem Isotop besonders groß. Jedoch muß das gewünschte aktive Isotop mit Hilfe inaktiver Trägersubstanz des gleichen Elements aus dem Gemisch zahlreicher aktiver Isotope herausgeholt werden. Falls mehrere aktive Isotope des gleichen Elements als Spaltprodukte bestehen, so kommt der Einsatz für die Indikatorenmethode wohl nur dann in Frage, wenn sehr große Unterschiede in der Halbwertszeit bestehen, weil die genaue Differenzierung[2] aus Halbwertszeit und Härte der emittierten Strahlung das Verfahren zu sehr verkomplizieren würde.

Bleibt die *radioaktive Substanz mit der bestrahlten Ausgangssubstanz isotop*, wie bei den wichtigen (n, γ)- und (d, p)-Prozessen sowie dem $(n, 2n)$-Prozeß, so wird eine Anreicherung der aktiven Komponente erst durch eine von SZILARD und CHALMERS[3] entdeckte und von ERBACHER und PHILIPP[4] weiter ausgebaute

---

[1] Vgl. z. B. die Übersicht bei P. M. WOLF u. H. I. BORN: Darstellung und Anwendungen künstlich radioaktiver Stoffe. Chemiker-Ztg. **65**, 405 (1941).

[2] HAHN, O., F. STRASSMANN u. H. GÖTTE: Einiges über die experimentelle Entwirrung der bei der Spaltung des Urans auftretenden Elemente und Atomarten. Abh. preuß. Akad. Wiss., Mathem. naturw. Kl. 3 (1942).

[3] SZILARD, L. and T. A. CHALMERS: Chemical separation of the radioactive Element from its bombarded Isotop in the Fermi-Effekt. Nature, London **134**, 462 (1934).

[4] ERBACHER, O. u. K. PHILIPP: Trennung der radioaktiven Atome von den isotopen stabilen Atomen. Z. physik. Chem. Abt. A **176**, 169 (1936).

Methode möglich. Sie beruht auf der Tatsache, daß bei allen Kernprozessen noch zusätzlich (Rückstoß-)Energie frei wird, die als kinetische Energie auf das Atom übergeht. Infolgedessen wird das *aktivierte Atom als Ion aus dem Molekülverband ausgestoßen.* So sind bei Verwendung anorganischer Komplexverbindungen der zu aktivierenden Elemente (E. FERMI und Mitarbeiter) auf dem Wege der Ausfällung nach der Bestrahlung (unter Anwendung des Trägersubstanzprinzips) Anreicherungen bis um den Faktor 10^4 erzielt worden. Durch Einsatz *nicht ionisierter organischer Verbindungen* ist es beispielsweise bei der Konzentrierung radioaktiver Isotope der Halogene gelungen, Anreicherungsfaktoren bis zu 10^{17} zu verwirklichen. Die betreffenden Verbindungen (z. B. Äthylchlorid bzw. Äthyljodid) werden einfach nach der Bestrahlung mit Wasser ausgeschüttelt, wobei die Ionen in Lösung gehen. Anschließend wird die wässerige Lösung beispielsweise mit Benzol von Resten der Verbindung gereinigt. Sind die Verbindungen selbst frei von etwa photochemisch abgespaltenem Halogen, so enthält schließlich die wässerige Lösung weniger inaktive als aktive Halogenatome. Wenn die betreffenden organischen Verbindungen wasserempfindlich sind, so kann man, statt die Ionen durch Ausschütteln mit Wasser abzutrennen, diese auch von einem Adsorptionsmittel, z. B. Kohle, aufnehmen lassen; besonders die Ionen der Elemente hoher Ordnungszahl werden sehr gut adsorbiert. Durch einfaches Auskochen der Kohle mit Wasser wird anschließend die Desorption bewirkt.

Die Tatsache der Rückstoßionisierung kann auch dann, wenn aktive und passive Substanz chemisch verschieden sind, benutzt und zur Vervollkommnung des Abtrennverfahrens herangezogen werden. Die Gewinnung von künstlich radioaktivem Phosphor in unwägbarer Menge aus Schwefelkohlenstoff durch O. ERBACHER[1] ist hierfür ein eindrucksvolles Beispiel.

Die Anreicherung wurde bisher noch keineswegs bei allen physikalisch hergestellten radioaktiven Isotopen praktisch durchgeführt. Es bleibt daher auf diesem Gebiet für den Chemiker noch viel Arbeit zu leisten. Erschwert wird diese Arbeit durch die Forderung, daß der ganze Anreicherungsprozeß stets in einer Zeit abgewickelt werden sollte, die klein ist gegen die Halbwertszeit der betreffenden Zerfallsreaktion.

IV. Zusammenstellung von Kern- und Zerfallsreaktionen für die Auswahl der jeweils geeigneten Isotope und ihrer Herstellungsart.

Bei der Methode der radioaktiven Indikatoren gibt es *für jede vorliegende Forschungsaufgabe ein günstigstes radioaktives Isotop sowie eine günstigste Kernreaktion zur Herstellung dieses Isotops.* Um die zweifache Auswahl, die stets getroffen werden muß, zu erleichtern, wurde versucht, eine Tabelle aufzustellen, die außer den üblichen Werten für relative Häufigkeit des inaktiven Ausgangsisotops, Halbwertszeit, Art und Energie der Zerfallsstrahlung für die Deuteronenprozesse auch die ungefähre Ausbeute an aktiven Teilchen und für die Neutronenprozesse die Wirkungsquerschnitte enthält. Die Auswahlmöglichkeiten sind naturgemäß größer, wenn man nicht gezwungen ist, ein ganz bestimmtes Element oder Isotop zu markieren, sondern wenn die zu verfolgende Substanz sich als

---

[1] ERBACHER, O.: Gewinnung des künstlich radioaktiven Phosphors $^{32}_{15}$P in unwägbarer Menge aus Schwefelkohlenstoff. Z. phys. Chem. Abt. B **42**, 173 (1939).

chemische Verbindung aus mehreren Elementen zusammensetzt. Damit die Aufstellung nicht zu umfangreich wird, sind in Tabelle 1 nur die Isotope mit den praktisch brauchbaren Halbwertszeiten zwischen 10 Minuten und 1 Jahr und die schon oben besprochenen wichtigsten Herstellungskernreaktionen (d, p) (d, n) $(d, 2n)$ (d, α); $U(n, —)$; (n, γ) (n, α) (n, p) $(n, 2n)$ zum Teil nicht vollständig berücksichtigt[1]. Die *Ausbeutezahlen* konnten auf Grund der zur Verfügung stehenden Literatur zunächst nur für einen Teil allerdings meist praktisch wichtiger Herstellungskernreaktionen ermittelt werden. Die Zahlenwerte für die *Deuteronenprozesse*, die naturgemäß der amerikanischen Fachliteratur[2] entnommen werden mußten, gelten für die Teilchenenergien von etwa 8 MeV (Zyklotron mit ungefähr 1 m Polschuhdurchmesser). Weiterhin liegt den Ausbeutezahlen die Bedingung zugrunde, daß die Dicke der Auffängerschicht größer ist als die Eindringtiefe der Deuteronen.

In bezug auf die β-Teilchen ist bei allen hier gebrachten Zahlenwerten und Beispielen, wie auch schon früher erwähnt, angenommen, daß zwischen aktiver Substanz und dem Organ, das die β-Teilchen nachweist, kein Medium geschaltet ist, das merklich β-Teilchen der aus der Tabelle zu entnehmenden Energie absorbiert.

Bei den *Prozessen mit schnellen und sehr schnellen Neutronen* (n, α) bzw. (n, p) $(n, 2n)$ sowie *mit thermischen Neutronen* (n, γ) sind in der Tabelle, wie meist üblich, nur die *Wirkungsquerschnitte* der betreffenden Neutronenreaktion angegeben, da die Ausbeute hier stets von der jeweils vorliegenden Geometrie und den vorliegenden Streu- und Absorptionsverhältnissen mitbestimmt wird. Im folgenden Abschnitt sind Beispiele für die Abschätzung der Ausbeute bei zwei wichtigen Neutronenprozessen und praktisch benutzter Geometrie gebracht. Für die Prozesse mit schnellen und sehr schnellen Neutronen ist in der Tabelle noch eine weitere Spalte hinzugenommen, aus der die Herstellungsart derjenigen Neutronen zu ersehen ist, für die der angegebene Wirkungsquerschnitt gilt. Die Zahlenwerte für die Wirkungsquerschnitte sind zum überwiegenden Teil Messungen deutscher Autoren entnommen[3].

Für den Fall der *Urankernspaltung* ist hier nur die Spaltung durch Neutronenwirkung, nicht aber die Spaltung durch direkten Beschuß berücksichtigt. Die Größenordnung des Wirkungsquerschnittes für Urankernspaltungen mit thermischen Neutronen[4] beträgt etwa $2 \cdot 10^{-24}$ cm^2. Der Wirkungsquerschnitt, bezogen auf das einzelne Spaltprodukt, liegt je nach der Massenzahl des Spaltproduktes noch um etwa 2 bis 3 Größenordnungen unter dem obigen Wert (vgl. auch unten Fig. 21). — Genauere Wirkungsquerschnitte für Urankernspaltungen mit schnellen Neutronen konnten aus der Literatur noch nicht ermittelt werden.

Für viele in der Tabelle angeführte Prozesse sind die Ausbeuten und Wirkungsquerschnitte noch unbekannt. Daher muß es dem Leser überlassen bleiben, die entsprechenden Lücken in der Tabelle später selbst auszufüllen.

---

[1] Eine ungekürzte Übersicht, jedoch ohne Ausbeutezahlen, findet sich in den bekannten Tabellenwerken: MATTAUCH, I. u. S. FLÜGGE: Kernphysikalische Tabellen. Berlin: Springer 1942. — RIEZLER, W.: Tabellen und Tafeln zur Kernphysik. Bibliographisches Institut. Leipzig 1942. — DIEBNER, K. u. E. GRASSMANN: Künstliche Radioaktivität. Leipzig: Hirzel 1939. — LIVINGOOD, J. J. and G. T. SEABORG: A table of induced Radioactivities. Rev. modern Phys. 12, 30 (1940).

[2] Insbesondere Messungen von M. S. LIVINGSTON and H. A. BETHE: Rev. modern Phys. 9 (1937) sowie von G. T. SEABORG: Chem. Ind. Rev. 27, 219 (1940).

[3] Vgl. die Zusammenstellung K. DIEBNER, W. HERMANN u. E. GRASSMANN: Absorption und Streuung von Neutronen. Phys. Z. 43, 440 (1942).

[4] TURNER, L. A.: Nuclear Fission. Rev. modern Phys. 12, 2 (1940).

Tabelle I. Zusammenstellung von Kern- und Zerfallsreaktionen für die Auswahl der jeweils geeigneten Isotopen und ihrer Herstellung.

Radioaktives Isotop	Relative Häufigkeit des stabilen Ausgangsisotopes in %	Kernreaktion	Emittierte Strahlung	Strahlungsenergie in MeV		Halbwertszeit	Ausbeute in β-Teilchen pro 8 MeV-Deuteron	Wirkungsquerschnitt der Neutronenreaktion in cm²	Art der Neutronen
				e^-, e^+	γ				
$^{11}_{6}C$	20	$^{10}_{5}B\ (d,n)\ ^{11}_{6}C$	e^+	0,98		21 m	$1,5 \cdot 10^{-6}$		
$^{13}_{7}N$	98,9	$^{12}_{6}C\ (d,n)\ ^{13}_{7}N$	e^+, γ	1,22	0,28	9,93 m	$7,6 \cdot 10^{-7}$		
	99,62	$^{14}_{7}N\ (n,2n)\ ^{13}_{7}N$		0,92 1,20					
$^{18}_{9}F$	0,04	$^{17}_{8}O\ (d,n)\ ^{18}_{9}F$	e^+	0,7		107 m			
	90,00	$^{20}_{10}Ne\ (d,\alpha)\ ^{18}_{9}F$							
$^{27}_{12}Mg$	11,1	$^{26}_{12}Mg\ (d,p)\ ^{27}_{12}Mg$	e^-, γ	1,74	0,88	10 m	$7,0 \cdot 10^{-7}$		
	11,1	$^{26}_{12}Mg\ (n,\gamma)\ ^{27}_{12}Mg$						$3,1 \cdot 10^{-25}$	therm.
$^{31}_{14}Si$	4,2	$^{30}_{14}Si\ (d,p)\ ^{31}_{14}Si$	e^-	1,8		157,3 m			
	4,2	$^{30}_{14}Si\ (n,\gamma)\ ^{31}_{14}Si$						$6 \cdot 10^{-26}$	therm.
$^{32}_{15}P$	4,2	$^{34}_{16}S\ (d,\alpha)\ ^{32}_{15}P$	e^-	1,72		14,29 d			
	100	$^{31}_{15}P\ (d,p)\ ^{32}_{15}P$					$3,6 \cdot 10^{-4}$		
	95,1	$^{32}_{16}S\ (n,p)\ ^{32}_{15}P$						$9 \cdot 10^{-26}$	Li-d
	100	$^{31}_{15}P\ (n,p)\ ^{32}_{15}P$						$3 \cdot 10^{-25}$	therm.
$^{37}_{16}S$	0,016	$^{36}_{16}S\ (d,p)\ ^{37}_{16}S$	e^-	0,11		88 d			
$^{34}_{17}Cl$	0,74	$^{33}_{16}S\ (d,n)\ ^{34}_{17}Cl$	e^+	2,5		32 m			
$^{38}_{17}Cl$	99,63	$^{40}_{18}A\ (d,\alpha)\ ^{38}_{17}Cl$	e^-, γ	1,1 4,99	1,65 2,15	37,5 m			
	24,6	$^{37}_{17}Cl\ (d,p)\ ^{38}_{17}Cl$					$5,2 \cdot 10^{-6}$		
	24,6	$^{37}_{17}Cl\ (n,\gamma)\ ^{38}_{17}Cl$						$2,4 \cdot 10^{-23}$	therm.
$^{41}_{18}A$	99,63	$^{40}_{18}A\ (d,p)\ ^{41}_{18}A$	e^-, γ	1,5	1,37	110 m			
	99,63	$^{40}_{18}A\ (n,\gamma)\ ^{41}_{18}A$							
$^{42}_{19}K$	6,55	$^{41}_{19}K\ (d,p)\ ^{42}_{19}K$	e^-	3,5		12,4 h			
	6,55	$^{41}_{19}K\ (n,\gamma)\ ^{42}_{19}K$						$2,0 \cdot 10^{-24}$	therm.
$^{41}_{20}Ca$	96,96	$^{40}_{20}Ca\ (d,p)\ ^{41}_{20}Ca$	$\varkappa, \gamma$		1,1	8,5 d			
$^{45}_{20}Ca$	2,07	$^{44}_{20}Ca\ (d,p)\ ^{45}_{20}Ca$	e^-, γ	0,19 0,91	0,71	180 d			
	2,07	$^{44}_{20}Ca\ (n,\gamma)\ ^{45}_{20}Ca$							

Zusammenstellung von Kern- und Zerfallsreaktionen.

Radio-aktives Isotop	Relative Häufigkeit des stabilen Ausgangs-isotopes in %	Kernreaktion	Emit-tierte Strah-lung	Strahlungs-energie in MeV		Halbwerts-zeit	Ausbeute in β-Teilchen pro 8 MeV-Deuteron	Wirkungs-querschnitt der Neutronen-reaktion in cm²	Art der Neu-tronen
				e−, e+	γ				
$^{49}_{20}$Ca	0,185	$^{48}_{20}$Ca (d, p) $^{49}_{20}$Ca	e−, γ	2,3	0,8	2,5 h			
	0,185	$^{48}_{20}$Ca (n, γ) $^{49}_{20}$Ca						$2,8 \cdot 10^{-25}$	therm.
$^{49}_{20}$Ca	0,185	$^{48}_{20}$Ca (d, p) $^{49}_{20}$Ca	e−			30 m			
	0,185	$^{48}_{20}$Ca (n, γ) $^{49}_{20}$Ca							
$^{43}_{21}$Sc	0,64	$^{42}_{20}$Ca (d, n) $^{43}_{21}$Sc	e+, γ	0,4 1,4	1,0	4,0 h			
$^{44}_{21}$Sc	2,07	$^{44}_{20}$Ca (d, 2n) $^{44}_{21}$Sc	e+	1,45		4,1 h			
	0,15	$^{43}_{20}$Ca (d, n) $^{44}_{21}$Sc							
$^{44}_{21}$Sc	2,07	$^{44}_{20}$Ca (d, 2n) $^{44}_{21}$Sc			0,26 0,25	52 h			
	0,15	$^{43}_{20}$Ca (d, n) $^{44}_{21}$Sc							
$^{46}_{21}$Sc	73,45	$^{48}_{22}$Ti (d, α) $^{46}_{21}$Sc	e−, $\varkappa$, γ	0,26 1,5	1,25	85 d			
	100	$^{45}_{21}$Sc (d, p) $^{46}_{21}$Sc							
	100	$^{45}_{21}$Sc (n, γ) $^{46}_{21}$Sc							
$^{48}_{21}$Sc	0,185	$^{48}_{20}$Ca (d, 2n) $^{48}_{21}$Sc	e−, γ	0,5 1,4	0,9	44 h			
$^{49}_{21}$Sc	0,185	$^{48}_{20}$Ca (d, n) $^{49}_{21}$Sc	e−	1,8		57 m			
$^{51}_{22}$Ti	5,34	$^{50}_{22}$Ti (d, p) $^{51}_{22}$Ti	e−, γ	0,36	1,0	72 d			
	5,34	$^{50}_{22}$Ti (n, γ) $^{51}_{22}$Ti						$3,8 \cdot 10^{-24}$	therm.
$^{51}_{22}$Ti	5,34	$^{50}_{22}$Ti (d, p) $^{51}_{22}$Ti	e−			2,9 m			
	5,34	$^{50}_{22}$Ti (n, γ) $^{51}_{22}$Ti						$3,8 \cdot 10^{-24}$	therm.
$^{48}_{23}$V	7,75	$^{47}_{22}$Ti (d, n) $^{48}_{23}$V	e+, $\varkappa$, γ	1,0	1,05	16 d			
	4,49	$^{50}_{24}$Cr (d, α) $^{48}_{23}$V							
$^{49}_{23}$V	73,45	$^{48}_{22}$Ti (d, n) $^{49}_{23}$V	e+	1,9		33 m			
$^{50}_{23}$V	5,51	$^{49}_{22}$Ti (d, n) $^{50}_{23}$V	e+			3,7 h			
$^{51}_{24}$Cr	4,49	$^{50}_{24}$Cr (d, p) $^{51}_{24}$Cr	e+, $\varkappa$, γ	<0,1	0,5 1,0	26,5 d			
	4,49	$^{50}_{24}$Cr (n, γ) $^{51}_{24}$Cr							
$^{55}_{24}$Cr	2,30	$^{54}_{24}$Cr (d, p) $^{55}_{24}$Cr	e−			1,7 h			
	2,30	$^{54}_{24}$Cr (n, γ) $^{55}_{24}$Cr							

Radio-aktives Isotop	Relative Häufigkeit des stabilen Ausgangs-isotopes in %	Kernreaktion	Emit-tierte Strah-lung	Strahlungs-energie in MeV		Halbwerts-zeit	Ausbeute in β-Teilchen pro 8 MeV-Deuteron	Wirkungs-querschnitt der Neutronen-reaktion in cm²	Art der Neu-tronen
				e⁻, e⁺	γ				
$^{51}_{25}$Mn	4,49	$^{50}_{24}$Cr (d, n) $^{51}_{25}$Mn	e⁺	2,0		46 m			
$^{52}_{25}$Mn	5,84	$^{54}_{26}$Fe (d, α) $^{52}_{25}$Mn	e⁺, ϰ, γ	0,77	1,0	6,5 d			
$^{52}_{25}$Mn	5,84	$^{54}_{26}$Fe (d, α) $^{52}_{25}$Mn	e⁺, γ	2,2	1,2	21 m			
$^{54}_{25}$Mn	9,43	$^{53}_{24}$Cr (d, n) $^{54}_{25}$Mn	ϰ, γ		0,85	310 d			
	91,68	$^{56}_{26}$Fe (d, α) $^{54}_{25}$Mn							
$^{56}_{25}$Mn	0,31	$^{58}_{26}$Fe (d, α) $^{56}_{25}$Mn	e⁻, γ	1,03 2,88 1,15	1,65 1,2	2,59 h			
	100	$^{55}_{25}$Mn (d, p) $^{56}_{25}$Mn			0,91 2,03				
	100	$^{55}_{25}$Mn (n, γ) $^{56}_{25}$Mn			0,6 1,7			9,4 · 10⁻²³	therm.
$^{59}_{26}$Fe	0,31	$^{58}_{26}$Fe (d, p) $^{59}_{26}$Fe	e⁻, γ	0,4 0,9	1,0	57 d			
$^{56}_{27}$Co	91,68	$^{56}_{26}$Fe (d, 2n) $^{56}_{27}$Co	e⁺, ϰ, γ	1,36	0,11 0,13	270 d			
	67,4	$^{58}_{28}$Ni (d, α) $^{56}_{27}$Co							
$^{57}_{27}$Co	91,68	$^{56}_{26}$Fe (d, n) $^{57}_{27}$Co	e⁺, γ	1,5	0,1 0,22 0,8 1,2	18,2 h			
$^{58}_{27}$Co	2,17	$^{57}_{26}$Fe (d, n) $^{58}_{27}$Co	e⁺, γ	<0,5	0,6	70 d			
	26,7	$^{60}_{28}$Ni (d, α) $^{58}_{27}$Co							
$^{60}_{27}$Co	100	$^{59}_{27}$Co (n, γ) $^{60}_{27}$Co	e⁻			11 m		2,4 · 10⁻²³	therm.
$^{63}_{28}$Ni	3,8	$^{62}_{28}$Ni (d, p) $^{63}_{28}$Ni	e⁻, γ	0,67 1,65	1,1	2,6 h			
	3,8	$^{62}_{28}$Ni (n, γ) $^{63}_{28}$Ni						3,6 · 10⁻²¹	therm.
$^{61}_{29}$Cu	26,7	$^{60}_{28}$Ni (d, n) $^{61}_{29}$Cu	e⁺, ϰ	0,94		3,4 h			
$^{64}_{29}$Cu	27,3	$^{66}_{30}$Zn (d, α) $^{64}_{29}$Cu	e⁻, e⁺, ϰ	0,65		12,8 h			
	68	$^{63}_{29}$Cu (d, p) $^{64}_{29}$Cu		0,57			8 · 10⁻⁵		
	68	$^{63}_{29}$Cu (n, γ) $^{64}_{29}$Cu						1,4 · 10⁻²⁴	therm.
$^{63}_{30}$Zn	68	$^{63}_{29}$Cu (d, 2n) $^{63}_{30}$Zn	e⁺	2,32		38,3 m			
$^{65}_{30}$Zn	32	$^{65}_{29}$Cu (d, 2n) $^{65}_{30}$Zn	e⁺, ϰ, γ	0,19	0,45 0,65	250 d			
	50,9	$^{64}_{30}$Zn (d, p) $^{65}_{30}$Zn		0,37	1,0				
	50,9	$^{64}_{30}$Zn (n, γ) $^{65}_{30}$Zn							

Zusammenstellung von Kern- und Zerfallsreaktionen.

Radio-aktives Isotop	Relative Häufigkeit des stabilen Ausgangs-isotopes in %	Kernreaktion	Emittierte Strahlung	Strahlungs-energie in MeV		Halbwerts-zeit	Ausbeute in β-Teilchen pro 8 MeV-Deuteron	Wirkungs-querschnitt der Neutronen-reaktion in cm²	Art der Neu-tronen
				e⁻, e⁺	γ				
$^{69}_{30}$Zn	38,8	$^{71}_{31}$Ga (d, α) $^{69}_{30}$Zn	e⁻	1,0		57 m			
	17,4	$^{68}_{30}$Zn (d, p) $^{69}_{30}$Zn							
	17,4	$^{68}_{30}$Zn (n, γ) $^{69}_{30}$Zn						$1,2 \cdot 10^{-24}$	therm.
$^{69}_{30}$Zn	38,8	$^{71}_{31}$Ga (d, α) $^{69}_{30}$Zn	γ		0,47	13,8 h			
	17,4	$^{68}_{30}$Zn (d, p) $^{69}_{30}$Zn							
	17,4	$^{68}_{30}$Zn (n, γ) $^{69}_{30}$Zn							
$^{65}_{31}$Ga	50,9	$^{64}_{30}$Zn (d, n) $^{65}_{31}$Ga	$\varkappa, \gamma$		0,05 0,11	15 m			
$^{67}_{31}$Ga	27,3	$^{66}_{30}$Zn (d, n) $^{67}_{31}$Ga	$\varkappa, \gamma$		0,09 0,1 0,25	79 h			
$^{68}_{31}$Ga	3,9	$^{67}_{30}$Zn (d, n) $^{68}_{31}$Ga	e⁺	1,85		1,1 h			
	21,2	$^{70}_{32}$Ge (d, α) $^{68}_{31}$Ga							
$^{70}_{31}$Ga	27,3	$^{72}_{32}$Ge (d, α) $^{70}_{31}$Ga	e⁻, $\varkappa$	5,0		19,8 m			
	61,2	$^{69}_{31}$Ga (d, p) $^{70}_{31}$Ga							
	61,2	$^{69}_{31}$Ga (n, γ) $^{70}_{31}$Ga						$4,0 \cdot 10^{-25}$	therm.
$^{72}_{31}$Ga	37,1	$^{74}_{32}$Ge (d, α) $^{72}_{31}$Ga	e⁻, γ	2,6	1,0	14,1 h			
	38,8	$^{71}_{31}$Ga (d, p) $^{72}_{31}$Ga							
	38,8	$^{71}_{31}$Ga (n, γ) $^{72}_{31}$Ga						$5,0 \cdot 10^{-25}$	therm.
$^{71}_{32}$Ge	21,2	$^{70}_{32}$Ge (d, p) $^{71}_{32}$Ge	e⁺	1,2		37 h			
	21,2	$^{70}_{32}$Ge (n, γ) $^{71}_{32}$Ge							
$^{71}_{32}$Ge	21,2	$^{70}_{32}$Ge (d, p) $^{71}_{32}$Ge	$\varkappa$			11 d			
$^{75}_{32}$Ge	37,1	$^{74}_{32}$Ge (d, p) $^{75}_{32}$Ge	e⁻	1,2		82 m			
	37,1	$^{74}_{32}$Ge (n, γ) $^{75}_{32}$Ge							
$^{77}_{32}$Ge	6,5	$^{76}_{32}$Ge (d, p) $^{77}_{32}$Ge	e⁻	1,92		8 h			
	6,5	$^{76}_{32}$Ge (n, γ) $^{77}_{32}$Ge							
$^{73}_{33}$As	27,3	$^{72}_{32}$Ge (d, n) $^{73}_{33}$As	e⁺	0,6		50 h			
$^{74}_{33}$As	7,9	$^{73}_{32}$Ge (d, n) $^{74}_{33}$As	e⁻, e⁺	0,9 1,3		16 d			
	9,5	$^{76}_{34}$Se (d, α) $^{74}_{33}$As							

Radio-aktives Isotop	Relative Häufigkeit des stabilen Ausgangs-isotopes in %	Kernreaktion	Emit-tierte Strah-lung	Strahlungs-energie in MeV		Halbwerts-zeit	Ausbeute in β-Teilchen pro 8 MeV-Deuteron	Wirkungs-querschnitt der Neutronen-reaktion in cm²	Art der Neu-tronen
				e^-, e^+	γ				
$^{76}_{33}$As	24,0	$^{78}_{34}$Se (d, α) $^{76}_{33}$As	e^-, e^+, $\varkappa, \gamma$	0,7 2,6	1,5 2,16	26,75 h			
	100	$^{75}_{33}$As (d, p) $^{76}_{33}$As		0,8 1,7	3,15				
	100	$^{75}_{33}$As (n, γ) $^{76}_{33}$As		2,7				$3,5 \cdot 10^{-24}$	therm.
$^{77}_{33}$As	6,5	$^{76}_{32}$Ge (d, n) $^{77}_{33}$As	e^-			90 d			
$^{81}_{34}$Se	48,0	$^{80}_{34}$Se (d, p) $^{81}_{34}$Se	e^-	1,5		19 m			
	48,0	$^{80}_{34}$Se (n, γ) $^{81}_{34}$Se						$1,2 \cdot 10^{-23}$	therm.
$^{81}_{34}$Se	48,0	$^{80}_{34}$Se (d, p) $^{81}_{34}$Se	γ		0,09	57 m			
	48,0	$^{80}_{34}$Se (n, γ) $^{81}_{34}$Se						$1,2 \cdot 10^{-23}$	therm.
$^{83}_{34}$Se	9,3	$^{82}_{34}$Se (d, p) $^{83}_{34}$Se	e^-			30 m			
	9,3	$^{82}_{34}$Se (n, γ) $^{83}_{34}$Se						$1,2 \cdot 10^{-23}$	therm.
$^{80}_{35}$Br	50,6	$^{79}_{35}$Br (d, p) $^{80}_{35}$Br	e^-, γ	2,0	<0,5	18,5 m			
	50,6	$^{79}_{35}$Br (n, γ) $^{80}_{35}$Br						$3,2 \cdot 10^{-24}$	therm.
$^{82}_{35}$Br	9,3	$^{82}_{34}$Se (d, 2n) $^{82}_{35}$Br	e^-, γ	0,85	0,65	33,9 h			
	49,4	$^{81}_{35}$Br (d, p) $^{82}_{35}$Br							
	49,4	$^{81}_{35}$Br (n, γ) $^{82}_{35}$Br						$3,2 \cdot 10^{-24}$	therm.
$^{83}_{35}$Br	9,3	$^{82}_{34}$Se (d, n) $^{83}_{35}$Br	e^-	1,3		140 m			
	0,720	$^{235}_{92}$U							
$^{(82)}_{35}$Br	0,720	$^{235}_{92}$U	e^-			30 m			
$^{81}_{36}$Kr	2,01	$^{80}_{36}$Kr (d, p) $^{81}_{36}$Kr	e^+	0,4		34,5 h			
$^{83}_{36}$Kr	11,52	$^{83}_{36}$Kr (d, d) $^{83}_{36}$Kr	γ		0,04	113 m			
	11,52	$^{82}_{36}$Kr (d, p) $^{83}_{36}$Kr							
	0,720	$^{235}_{92}$U							
$^{87}_{36}$Kr	17,47	$^{86}_{36}$Kr (d, p) $^{87}_{36}$Kr	e^-			4 h			
$^{88}_{36}$Kr	0,720	$^{235}_{92}$U	e^-			175 m			
$^{86}_{37}$Rb	82,56	$^{88}_{38}$Sr (d, α) $^{86}_{37}$Rb	e^-	1,56		18 d			
	72,8	$^{85}_{37}$Rb (n, γ) $^{86}_{37}$Rb							

Zusammenstellung von Kern- und Zerfallsreaktionen.

Radio-aktives Isotop	Relative Häufigkeit des stabilen Ausgangs-isotopes in %	Kernreaktion	Emit-tierte Strah-lung	Strahlungs-energie in MeV		Halbwerts-zeit	Ausbeute in β-Teilchen pro 8 MeV-Deuteron	Wirkungs-querschnitt der Neutronen-reaktion in cm²	Art der Neu-tronen
				e^-, e^+	γ				
$^{88}_{37}$Rb	27,2	$^{87}_{37}$Rb (n,γ) $^{88}_{37}$Rb	e^-	4,6		17,8 m			
	0,720	$^{235}_{92}$U							
$^{89}_{37}$Rb	0,720	$^{235}_{92}$U	e^-	3,8		15,4 m			
$^{87}_{38}$Sr	9,86	$^{86}_{38}$Sr (d,p) $^{87}_{38}$Sr	γ		0,37	2,75 h			
	9,86	$^{86}_{38}$Sr (n,γ) $^{87}_{38}$Sr						$1,5 \cdot 10^{-24}$	therm.
$^{89}_{38}$Sr	82,56	$^{88}_{38}$Sr (d,p) $^{89}_{38}$Sr	e^-	1,50		55 d			
	82,56	$^{88}_{38}$Sr (n,γ) $^{89}_{38}$Sr						$1,5 \cdot 10^{-24}$	therm.
	0,720	$^{235}_{92}$U							
$^{91}_{38}$Sr	0,720	$^{235}_{92}$U	e^-			2,7 h			
$^{91}_{38}$Sr	0,720	$^{235}_{92}$U	e^-			8,5 h			
$^{87}_{39}$Y	9,86	$^{86}_{38}$Sr (d,n) $^{87}_{39}$Y	γ		0,5	14 h			
$^{88}_{39}$Y	7,02	$^{87}_{38}$Sr (d,n) $^{88}_{39}$Y	e^+	1,2		2 h			
$^{90}_{39}$Y	22	$^{92}_{40}$Zr (d,α) $^{90}_{39}$Y	e^-	0,90 2,11		60,5 h			
	100	$^{89}_{39}$Y (d,p) $^{90}_{39}$Y							
	100	$^{89}_{39}$Y (n,γ) $^{90}_{39}$Y							
	0,720	$^{235}_{92}$U							
$^{91}_{39}$Y	0,720	$^{235}_{92}$U	e^-	2,0		3,5 h			
$^{(91)}_{39}$Y	0,720	$^{235}_{92}$U	e^-			8,5 h			
$^{93}_{40}$Zr	22	$^{92}_{40}$Zr (d,p) $^{93}_{40}$Zr	e^-	0,20 0,48		63 d			
	22	$^{92}_{40}$Zr (n,γ) $^{93}_{40}$Zr						$3,5 \cdot 10^{-25}$	therm.
$^{95}_{40}$Zr	17	$^{94}_{40}$Zr (n,γ) $^{95}_{40}$Zr	e^-	1,2		17 h		$3,5 \cdot 10^{-25}$	therm.
	0,720	$^{235}_{92}$U							
$^{93}_{41}$Nb	22	$^{92}_{40}$Zr (d,n) $^{43}_{41}$Nb	γ		0,20	55 d			
$^{95}_{41}$Nb	0,720	$^{235}_{92}$U	e^-	1,8		75 m			
$^{99}_{42}$Mo	24,1	$^{98}_{42}$Mo (d,p) $^{99}_{42}$Mo	e^-, γ	1,03 1,44	0,4	67 h			
	24,1	$^{98}_{42}$Mo (n,γ) $^{99}_{42}$Mo						$5,8 \cdot 10^{-24}$	therm.
	0,720	$^{235}_{92}$U							

Das Indikator-Verfahren mit radioaktiven Isotopen.

Radio-aktives Isotop	Relative Häufigkeit des stabilen Ausgangs-isotopes in %	Kernreaktion	Emit-tierte Strah-lung	Strahlungs-energie in MeV e^-, e^+	Strahlungs-energie in MeV γ	Halbwerts-zeit	Ausbeute in β-Teilchen pro 8 MeV-Deuteron	Wirkungs-querschnitt der Neutronen-reaktion in cm²	Art der Neu-tronen
$^{101}_{42}$Mo	0,720	$^{235}_{92}$U	e^-	1,90		14,6 m			
$(^{101}_{42})$Mo	0,720	$^{235}_{92}$U	e^-			12 m			
$^{96}_{43}$	16,1	$^{95}_{42}$Mo (d, n) $^{96}_{43}$	e^+			2,7 h			
$^{99}_{43}$	0,720	$^{235}_{92}$U	γ		0,13 0,18	6,6 h			
$^{101}_{43}$	0,720	$^{235}_{92}$U	e^-	1,2		14 m			
$^{103}_{44}$Rn	30	$^{102}_{44}$Ru (d, p) $^{103}_{44}$Ru	e^-			4 h			
	30	$^{102}_{44}$Ru (n, γ) $^{103}_{44}$Ru							
$^{105}_{44}$Ru	17	$^{104}_{44}$Ru (n, γ) $^{105}_{44}$Ru	e^-			20 h			
$(^{105}_{44})$Ru	99,274	$^{238}_{92}$U	e^-			4 h			
$^{105}_{45}$Rh	17	$^{104}_{44}$Ru (d, n) $^{105}_{45}$Rh	e^-			45 d			
$(^{105}_{45})$Rh	99,274	$^{238}_{92}$U	e^-	0,5		34 h			
$^{109}_{46}$Pd	26,8	$^{108}_{46}$Pd (d, p) $^{109}_{46}$Pd	e^-	1,03		13 h			
	26,8	$^{108}_{46}$Pd (n, γ) $^{109}_{46}$Pd							
$^{111}_{46}$Pd	13,5	$^{110}_{46}$Pd (d, p) $^{111}_{46}$Pd	e^-			26 m			
	13,5	$^{110}_{46}$Pd (n, γ) $^{111}_{46}$Pd							
	99,274	$^{238}_{92}$U							
$^{112}_{46}$Pd	99,274	$^{238}_{92}$U	e^-			17 h			
$^{106}_{47}$Ag	22,6	$^{105}_{46}$Pd (d, n) $^{106}_{47}$Ag	e^+	2,04		25 m			
	52,5	$^{107}_{47}$Ag (d, $^3_1$H) $^{106}_{47}$Ag							
$^{106}_{47}$Ag	22,6	$^{105}_{46}$Pd (d, n) $^{106}_{47}$Ag	$\varkappa, \gamma$		0,28 0,68 0,95	8,2 d			
$^{108}_{47}$Ag	52,5	$^{107}_{47}$Ag (d, p) $^{108}_{47}$Ag	e^-			225 d			
	52,5	$^{107}_{47}$Ag (n, γ) $^{108}_{47}$Ag						$5,8 \cdot 10^{-23}$	therm.
$^{111}_{47}$Ag	13,5	$^{110}_{46}$Pd (d, n) $^{111}_{47}$Ag	e^-	0,8		7,5 d			
	99,274	$^{238}_{92}$U							
$^{112}_{47}$Ag	99,274	$^{238}_{92}$U	e^-	2,2		3,2 h			

Zusammenstellung von Kern- und Zerfallsreaktionen.

Radio-aktives Isotop	Relative Häufigkeit des stabilen Ausgangs-isotopes in %	Kernreaktion	Emit-tierte Strah-lung	Strahlungs-energie in MeV		Halbwerts-zeit	Ausbeute in β-Teilchen pro 8 MeV-Deuteron	Wirkungs-querschnitt der Neutronen-reaktion in cm^2	Art der Neu-tronen
				e^-, e^+	γ				
$^{115}_{48}$Cd	28,0	$^{114}_{48}$Cd (d, p) $^{115}_{48}$Cd	e^-, γ	0,6 1,13	0,8	56 h			
	28,0	$^{114}_{48}$Cd (n, γ) $^{115}_{48}$Cd						$2,9 \cdot 10^{-21}$	therm.
	99,274	$^{238}_{92}$U							
$^{117}_{48}$Cd	7,3	$^{116}_{48}$Cd (d, p) $^{117}_{48}$Cd	e^-			170 m			
	7,3	$^{116}_{48}$Cd (n, γ) $^{117}_{48}$Cd						$2,9 \cdot 10^{-21}$	therm.
	99,274	$^{238}_{92}$U							
$^{110}_{49}$In	12,8	$^{110}_{48}$Cd (d, 2n) $^{110}_{49}$In	e^+	2,0		66 m			
$^{111}_{49}$In	12,8	$^{110}_{48}$Cd (d, n) $^{111}_{49}$In	e^+, γ	1,75	0,16	23 m			
$^{112}_{49}$In	13,0	$^{111}_{48}$Cd (d, n) $^{112}_{49}$In	$\varkappa, \gamma$		0,17 0,24	65 h			
$^{113}_{49}$In	24,2	$^{112}_{48}$Cd (d, n) $^{113}_{49}$In	γ		0,39	104 m			
$^{114}_{49}$In	12,3	$^{113}_{48}$Cd (d, n) $^{114}_{49}$In	γ		0,19	48,5 d			
	4,5	$^{113}_{49}$In (d, p) $^{114}_{49}$In							
	4,5	$^{113}_{49}$In (n, γ) $^{114}_{49}$In						$1,5 \cdot 10^{-22}$	therm.
$^{115}_{49}$In	28,0	$^{114}_{48}$Cd (d, n) $^{115}_{49}$In	γ		0,33	272 m			
	99,274	$^{238}_{92}$U							
$^{116}_{49}$In	95,5	$^{115}_{49}$In (d, p) $^{116}_{49}$In	e^-, γ	0,85	0,17 0,36	56,8 m			
	95,5	$^{115}_{49}$In (n, γ) $^{116}_{49}$In			0,57 1,02 1,40 1,85			$1,5 \cdot 10^{-22}$	therm.
$^{117}_{49}$In	7,3	$^{116}_{48}$Cd (d, n) $^{117}_{49}$In	e^-	1,73		117 m			
	99,274	$^{238}_{92}$U							
$^{113}_{50}$Sn	1,1	$^{112}_{50}$Sn (d, p) $^{113}_{50}$Sn	$\varkappa, \gamma$		0,085	105 d			
	1,1	$^{112}_{50}$Sn (n, γ) $^{113}_{50}$Sn						$4,0 \cdot 10^{-25}$	therm.
$^{121}_{50}$Sn	44	$^{123}_{51}$Sb (d, α) $^{121}_{50}$Sn	e^-			26 h			
	28,5	$^{120}_{50}$Sn (d, p) $^{121}_{50}$Sn							
	28,5	$^{120}_{50}$Sn (n, γ) $^{121}_{50}$Sn						$4,0 \cdot 10^{-25}$	therm.
$^{123}_{50}$Sn	5,5	$^{122}_{50}$Sn (d, p) $^{123}_{50}$Sn	e^-			40 m			
	5,5	$^{122}_{50}$Sn (n, γ) $^{123}_{50}$Sn						$4,0 \cdot 10^{-25}$	therm.

Das Indikator-Verfahren mit radioaktiven Isotopen.

Radioaktives Isotop	Relative Häufigkeit des stabilen Ausgangsisotopes in %	Kernreaktion	Emittierte Strahlung	Strahlungsenergie in MeV e^-,e^+	Strahlungsenergie in MeV γ	Halbwertszeit	Ausbeute in β-Teilchen pro 8 MeV-Deuteron	Wirkungsquerschnitt der Neutronenreaktion in cm²	Art der Neutronen
$^{125}_{50}$Sn	6,8	$^{124}_{50}$Sn (d, p) $^{125}_{50}$Sn	e^-	2,1		11,8 m			
	6,8	$^{124}_{50}$Sn (n, γ) $^{125}_{50}$Sn						$4,0 \cdot 10^{-25}$	therm.
$^{126}_{50}$Sn	—	$^{?}_{50}$Sn (d, p) $<^{126}_{50}$Sn	e^-			10 d			
	—	$^{?}_{50}$Sn (n, γ) $<^{126}_{50}$Sn						$4,0 \cdot 10^{-25}$	therm.
$^{126}_{50}$Sn	—	$^{?}_{50}$Sn (d, p) $<^{126}_{50}$Sn	e^-			400 d			
$^{120}_{51}$Sb	9,8	$^{119}_{50}$Sn (d, n) $^{120}_{51}$Sb	e^+	1,53		15,0 m			
$^{122}_{51}$Sb	5,5	$^{122}_{50}$Sn (d, 2n) $^{122}_{50}$Sb	e^-, γ	0,81 1,76	0,96 0,5	63 h			
	56	$^{121}_{51}$Sb (d, p) $^{122}_{51}$Sb							
	56	$^{121}_{51}$Sb (n, γ) $^{122}_{51}$Sb						$4,4 \cdot 10^{-24}$	therm.
$^{124}_{51}$Sb	19,0	$^{126}_{52}$Te (d, α) $^{124}_{51}$Sb	e^-, γ	1,53	0,06 1,82	60 d			
	44	$^{123}_{51}$Sb (d, p) $^{124}_{51}$Sb							
	44	$^{123}_{51}$Sb (n, γ) $^{124}_{51}$Sb						$4,4 \cdot 10^{-24}$	therm.
$^{127}_{51}$Sb	0,720	$^{235}_{92}$U	e^-			80 h			
$^{129}_{51}$Sb	0,720	$^{235}_{92}$U	e^-			4,2 h			
$^{121}_{52}$Te	56	$^{121}_{51}$Sb (d, 2n) $^{121}_{52}$Te	$e^+, \varkappa, \gamma$		0,5	125 d			
$^{127}_{52}$Te	19,0	$^{126}_{52}$Te (d, p) $^{127}_{52}$Te	e^-	0,8		9,3 h			
	19,0	$^{126}_{52}$Te (n, γ) $^{127}_{52}$Te						$2,9 \cdot 10^{-24}$	therm.
	0,720	$^{235}_{92}$U							
$^{127}_{52}$Te	19,0	$^{126}_{52}$Te (d, p) $^{127}_{52}$Te	γ		0,125	90 h			
	19,0	$^{126}_{52}$Te (n, γ) $^{127}_{52}$Te						$2,9 \cdot 10^{-24}$	therm.
$^{129}_{52}$Te	32,8	$^{128}_{52}$Te (d, p) $^{129}_{52}$Te	e^-			72 m			
	32,8	$^{128}_{52}$Te (n, γ) $^{129}_{52}$Te						$2,9 \cdot 10^{-24}$	therm.
	0,720	$^{235}_{92}$U							
$^{129}_{52}$Te	32,8	$^{128}_{52}$Te (d, p) $^{129}_{52}$Te	γ		0,1	32 d			
$^{131}_{52}$Te	33,1	$^{130}_{52}$Te (d, p) $^{131}_{52}$Te	e^-			25 m			
	33,1	$^{130}_{52}$Te (n, γ) $^{131}_{52}$Te						$2,9 \cdot 10^{-24}$	therm.
	0,720	$^{235}_{92}$U							

Zusammenstellung von Kern- und Zerfallsreaktionen.

Radio-aktives Isotop	Relative Häufigkeit des stabilen Ausgangs-isotopes in %	Kernreaktion	Emittierte Strahlung	Strahlungs-energie in MeV		Halbwerts-zeit	Ausbeute in β-Teilchen pro 8 MeV-Deuteron	Wirkungs-querschnitt der Neutronen-reaktion in cm²	Art der Neutronen
				e^-, e^+	γ				
$^{131}_{52}$Te	33,1	$^{130}_{52}$Te (d, p) $^{131}_{52}$Te	γ			1,2 d			
	33,1	$^{130}_{52}$Te (n, γ) $^{131}_{52}$Te						$2,9 \cdot 10^{-24}$	therm.
	0,720	$^{235}_{92}$U							
$^{133}_{52}$Te	0,720	$^{235}_{92}$U	e^-			60 m			
$^{135}_{52}$Te	0,720	$^{235}_{92}$U	e^-			15 m			
$^{131}_{52}$Te	0,720	$^{235}_{92}$U	e^-			77 h			
131 Te	0,720	$^{235}_{92}$U	e^-			43 m			
$^{126}_{53}$J	6,0	$^{125}_{52}$Te (d, n) $^{126}_{53}$J	e^-, γ	1,20	0,5	13,3 d			
$^{128}_{53}$J	32,8	$^{128}_{52}$Te (d, 2n) $^{128}_{53}$J	e^-, γ	1,05 2,10	0,4 0,4	25 m	$5,0 \cdot 10^{-8}$		
	100	$^{127}_{53}$J (n, γ) $^{128}_{53}$J						$5,0 \cdot 10^{-21}$	therm.
$^{130}_{53}$J	33,1	$^{130}_{52}$Te (d, 2n) $^{130}_{53}$J	e^-, γ	1,05	0,6	12,5 h	$1,0 \cdot 10^{-7}$		
$^{131}_{53}$J	33,1	$^{130}_{52}$Te (d, n) $^{131}_{53}$J	e^-, γ	0,68	0,36	8,0 d	$2,0 \cdot 10^{-9}$		
	0,720	$^{236}_{92}$U							
$^{133}_{53}$J	0,720	$^{235}_{92}$U	e^-			20 h			
$^{135}_{53}$J	0,720	$^{235}_{92}$U	e^-			6,6 h			
$^{131}_{52}$J	0,720	$^{235}_{92}$U	e^-			2,4 h			
$^{131}_{53}$J	0,720	$^{235}_{92}$U	e^-			54 m			
$^{133}_{54}$X	26,98	$^{132}_{54}$X (d, p) $^{133}_{54}$X	γ		0,08	4,3 d			
	0,720	$^{235}_{92}$U							
$^{139}_{54}$X	0,720	$^{235}_{92}$U	e^-			17 m			
$^{134}_{55}$Cs	100	$^{133}_{55}$Cs (d, p) $^{134}_{55}$Cs	e^-	1,0		3 h			
	100	$^{133}_{55}$Cs (n, γ) $^{134}_{55}$Cs							
$^{134}_{55}$Cs	100	$^{133}_{55}$Cs (d, p) $^{134}_{55}$Cs	e^-, γ	0,9		20 mo			
	100	$^{133}_{55}$Cs (n, γ) $^{134}_{55}$Cs							
$^{136}_{55}$Cs	0,720	$^{235}_{92}$U	e^-	2,6		32 m			
$^{139}_{55}$Cs	0,720	$^{235}_{92}$U	e^-			7 m			

Radioaktives Isotop	Relative Häufigkeit des stabilen Ausgangsisotopes in %	Kernreaktion	Emittierte Strahlung	Strahlungsenergie in MeV		Halbwertszeit	Ausbeute in β-Teilchen pro 8 MeV-Deuteron	Wirkungsquerschnitt der Neutronenreaktion in cm²	Art der Neutronen
				e−, e+	γ				
$^{134}_{56}$Ba	100	$^{133}_{55}$Cs (d, n) $^{134}_{56}$Ba	γ		0,27	39,5 h			
$^{139}_{56}$Ba	71,7	$^{138}_{56}$Ba (d, p) $^{139}_{56}$Ba	e−, γ	1,0	0,6	87 m			
	71,7	$^{138}_{56}$Ba (n, γ) $^{139}_{56}$Ba						9,5 · 10⁻²⁵	therm.
	0,720	$^{235}_{92}$U							
$^{140}_{56}$Ba	0,720	$^{235}_{92}$U	e−			300 h			
$^{140}_{56}$Ba	0,720	$^{235}_{92}$U	e−			14 m			
$^{138}_{57}$La	100	$^{139}_{57}$La (d, $^3_1$H) $^{138}_{57}$La	e−	0,8		31 h			
$^{140}_{57}$La	100	$^{139}_{57}$La (n, γ) $^{140}_{57}$La	e−			44 h		9,1 · 10⁻²⁴	therm.
	0,720	$^{235}_{92}$U							
$^{140}_{57}$La	0,720	$^{235}_{92}$U	e−			2,5 h			
$^{141}_{58}$Ce	89	$^{140}_{58}$Ce (n, γ) $^{141}_{58}$Ce	e−, γ		0,12	15 d			
	0,720	$^{235}_{92}$U							
$^{142}_{59}$Pr	100	$^{141}_{59}$Pr (n, γ) $^{142}_{59}$Pr	e−			18,7 h			
$^{151}_{62}$Sm	3	$^{150}_{62}$Sm (d, p) $^{151}_{62}$Sm	e−			47 h			
	3	$^{150}_{62}$Sm (n, γ) $^{151}_{62}$Sm							
$^{153}_{62}$Sm	26	$^{152}_{62}$Sm (d, p) $^{153}_{62}$Sm	e−			21 m			
	26	$^{152}_{62}$Sm (n, γ) $^{153}_{62}$Sm							
$^{152}_{63}$Eu	49	$^{151}_{63}$Eu (d, p) $^{152}_{63}$Eu	e−, $\varkappa$, γ	1,88	0,12 0,16 0,72	9,4 h			
	49	$^{151}_{63}$Eu (n, γ) $^{152}_{63}$Eu							
$^{152}_{63}$Eu	49	$^{151}_{63}$Eu (d, p) $^{152}_{63}$Eu				105 m			
$^{154}_{63}$Eu	51	$^{153}_{63}$Eu (d, p) $^{154}_{63}$Eu				12 m			
$^{159}_{64}$Gd	22	$^{158}_{64}$Gd (n, γ) $^{159}_{64}$Gd	e−			17 h			
$^{160}_{65}$Tb	100	$^{159}_{65}$Tb (n, γ) $^{160}_{65}$Tb	e−			3,3 h			
$^{165}_{66}$Dy	28	$^{164}_{66}$Dy (n, γ) $^{165}_{66}$Dy	e−	1,9		156 m		7,5 · 10⁻²²	therm.
$^{166}_{67}$Ho	100	$^{165}_{67}$Ho (n, γ) $^{166}_{67}$Ho	e−	1,6		30 h			
$^{169}_{68}$Er	29	$^{162}_{68}$Er (n, γ) $^{169}_{68}$Er	e−			12 h			

Zusammenstellung von Kern- und Zerfallsreaktionen.

Radio-aktives Isotop	Relative Häufigkeit des stabilen Ausgangs-isotopes in %	Kernreaktion	Emit-tierte Strah-lung	Strahlungs-energie in MeV		Halbwerts-zeit	Ausbeute in β-Teilchen pro 8 MeV-Deuteron	Wirkungs-querschnitt der Neutronen-reaktion in cm²	Art der Neu-tronen
				e⁻, e⁺	γ				
$^{171}_{68}$Er	10	$^{170}_{68}$Er (n, γ) $^{171}_{68}$Er	e⁻			5,1 h			
$^{175}_{70}$Yb	29,58	$^{174}_{70}$Yb (n, γ) $^{175}_{70}$Yb	e⁻			2,1 h			
$^{175}_{70}$Yb	29,58	$^{174}_{70}$Yb (n, γ) $^{175}_{70}$Yb	e⁻			41 h			
$^{181}_{72}$Hf	30	$^{180}_{72}$Hf (n, γ) $^{181}_{72}$Hf	e⁻			55 d			
$^{182}_{73}$Ta	100	$^{181}_{73}$Ta (d, p) $^{182}_{73}$Ta	e⁻	1,0		99 d			
	100	$^{181}_{73}$Ta (n, γ) $^{182}_{73}$Ta						$1,2 \cdot 10^{-23}$	therm.
$^{185}_{74}$W	61,8	$^{187}_{75}$Re (d, α) $^{185}_{74}$W	e⁻, γ	0,55	0,4	74,5 d			
	30,1	$^{184}_{74}$W (d, p) $^{185}_{74}$W							
	30,1	$^{184}_{74}$W (n, γ) $^{185}_{74}$W						$2,0 \cdot 10^{-23}$	therm.
$^{187}_{74}$W	29,8	$^{186}_{74}$W (d, p) $^{187}_{74}$W	e⁻, γ	1,4	0,08 0,10 0,13	24,1 h			
	29,8	$^{186}_{74}$W (n, γ) $^{187}_{74}$W						$2,0 \cdot 10^{-23}$	therm.
$^{184}_{75}$Re	30,1	$^{184}_{74}$W (d, 2n) $^{184}_{75}$Re	e⁻, κ, γ		0,85	54 d			
	17,3	$^{183}_{74}$W (d, n) $^{184}_{75}$Re							
$^{186}_{75}$Re	29,8	$^{186}_{74}$W (d, 2n) $^{186}_{75}$Re	e⁻, γ	1,2	0,11 0,12	90 h			
	38,2	$^{185}_{75}$Re (d, p) $^{186}_{75}$Re							
	38,2	$^{185}_{75}$Re (n, γ) $^{186}_{75}$Re						$1,0 \cdot 10^{-22}$	therm.
$^{188}_{75}$Re	61,8	$^{187}_{75}$Re (d, p) $^{188}_{75}$Re	e⁻	2,1		16 h			
	61,8	$^{187}_{75}$Re (n, γ) $^{188}_{75}$Re						$1,0 \cdot 10^{-22}$	therm.
$^{191}_{76}$Os	26,4	$^{190}_{76}$Os (n, γ) $^{191}_{76}$Os	e⁻	1,5		32 h			
$^{193}_{76}$Os	40,9	$^{192}_{76}$Os (n, γ) $^{193}_{76}$Os	e⁻	0,35		17 d			
$^{192}_{77}$Ir	38,5	$^{191}_{77}$Ir (n, γ) $^{192}_{77}$Ir	e⁻			68 d			
$^{194}_{77}$Ir	61,5	$^{193}_{77}$Ir (n, γ) $^{194}_{77}$Ir	e⁻	2,2		19,5 h			
$^{193}_{78}$Pt	0,8	$^{192}_{78}$Pt (d, p) $^{193}_{78}$Pt	e⁺			49 m			
$^{197}_{78}$Pt	26,6	$^{196}_{78}$Pt (d, p) $^{197}_{78}$Pt	e⁻			19 h			
	26,6	$^{196}_{78}$Pt (n, γ) $^{197}_{78}$Pt							
$^{197}_{78}$Pt	26,6	$^{196}_{78}$Pt (n, γ) $^{197}_{78}$Pt	e⁻			3,3 d			

Radioaktives Isotop	Relative Häufigkeit des stabilen Ausgangsisotopes in %	Kernreaktion		Emittierte Strahlung	Strahlungsenergie in MeV		Halbwertszeit	Ausbeute in β-Teilchen pro 8 MeV-Deuteron	Wirkungsquerschnitt der Neutronenreaktion in cm²	Art der Neutronen
					e^-, e^+	γ				
$^{199}_{78}$Pt	7,2	$^{198}_{78}$Pt (d, p)	$^{199}_{78}$Pt	e^-			27 m			
	7,2	$^{198}_{78}$Pt (n, γ)	$^{199}_{78}$Pt							
$^{195}_{79}$Au	30,2	$^{194}_{78}$Pt (d, n)	$^{195}_{79}$Au	e^+			37 m			
$^{195}_{79}$Au	30,2	$^{194}_{78}$Pt (d, n)	$^{195}_{79}$Au	γ		0,55	54 h			
$^{197}_{79}$Au	26,6	$^{196}_{78}$Pt (d, n)	$^{197}_{79}$Au	γ		0,35	5,6 d			
$^{198}_{79}$Au	7,2	$^{198}_{78}$Pt (d, 2n)	$^{198}_{79}$Au	$e^-, \varkappa, \gamma$	0,83	0,07 0,33 0,41	2,72 d			
	100	$^{197}_{79}$Au (d, p)	$^{198}_{79}$Au							
	100	$^{197}_{79}$Au (n, γ)	$^{198}_{79}$Au						$7,2 \cdot 10^{-23}$	therm.
$^{199}_{79}$Au	7,2	$^{198}_{78}$Pt (d, n)	$^{199}_{79}$Au	e^-, γ	0,45	0,11	164 d			
$^{204}_{81}$Tl	29,1	$^{203}_{81}$Tl (d, p)	$^{204}_{81}$Tl	e^-	1,6		4,23 m			
	29,1	$^{203}_{81}$Tl (n, γ)	$^{204}_{81}$Tl						$2,2 \cdot 10^{-24}$	therm.
$^{209}_{82}$Pb	52,3	$^{208}_{82}$Pb (d, p)	$^{209}_{82}$Pb	e^-			3,3 h			
	52,3	$^{208}_{82}$Pb (n, γ)	$^{209}_{82}$Pb						$3,0 \cdot 10^{-25}$	therm.
$^{210}_{83}$Bi	100	$^{209}_{83}$Bi (d, p)	$^{210}_{83}$Bi	e^-	1,17		5,0 d			
	100	$^{209}_{83}$Bi (n, γ)	$^{210}_{83}$Bi						$3,3 \cdot 10^{-25}$	therm.
$^{233}_{90}$Th	100	$^{232}_{90}$Th (n, γ)	$^{233}_{90}$Th	e^-			23 m		$7,1 \cdot 10^{-24}$	therm.
$^{239}_{92}$U	99,274	$^{238}_{92}$U (n, γ)	$^{239}_{92}$U	e^-			23,5 m			

V. Abschätzung des Aufwandes zur Herstellung einer bestimmten Aktivität bei der jeweils ausgewählten Kernreaktion.

Die *erforderliche Anfangsaktivität* geht sowohl für das Zählrohrverfahren als auch für das photographische Verfahren aus den entsprechenden früheren Abschnitten hervor. Die Abschätzung des Aufwandes, mit dem diese Aktivität praktisch erzielt werden kann, ist aus mehreren Gründen von großer Bedeutung. Bei der Projektierung von Atomumwandlungsanlagen lassen sich an Hand solcher Abschätzungen die Einsatzmöglichkeiten im voraus angeben. Weiter gestattet die Abschätzung des Aufwandes eine rationelle Führung des Bestrahlungsprozesses ohne langwierige Vorversuche. Das ist bei den zum Teil sehr hohen Betriebskosten von Atomumwandlungsanlagen oft recht wertvoll. Schließlich ist die Ausrechnung des ungefähren Aufwandes zur Herstellung einer bestimmten

Aktivität Voraussetzung für die Auswahl des günstigsten Isotops und der günstigsten Herstellungskernreaktion.

a) Direkte Bestrahlung stabiler Isotope mit schnellen, leichten Ionen.

Bei *direktem Beschuß der umzuwandelnden Substanz* mit schnellen, in einem Zyklotron beschleunigten Deuteronen gestaltet sich die Vorausbestimmung der zu erwartenden Aktivität E_{res} besonders einfach und sicher. Die Aktivität berechnet sich hier zu:

$$E_{res} = 3{,}77 \cdot 10^{14} \cdot I \cdot A \cdot k'_1 \cdot k'_2 \cdot k'_3 \text{ } \beta\text{-Teilchen/Min.} \qquad (1)$$

Wird der Deuteronenanteil I des Strahlstromes in Mikroampere eingesetzt, so bedeutet der Faktor $3{,}77 \cdot 10^{14} \cdot I$ die Anzahl der auftreffenden Deuteronen pro Minute. Die Ausbeute A wird für das betreffende Isotop und die betreffende Kernreaktion aus der Tabelle 1 entnommen. Die tatsächliche Ausbeute kann sich gegenüber dem Tabellenwert A verringern, wenn die Auffängersubstanz nicht aus einem reinen Element besteht und nicht in einer Schichtdicke vorliegt, die groß gegen die Eindringtiefe der 8 MeV-Deuteronen ist. Verlusten dieser Art trägt der Faktor k'_1 Rechnung. — Bekanntlich gelingt es nicht, durch beliebig lange Bestrahlungen die Aktivität unbegrenzt zu steigern, weil mit zunehmender Bestrahlungsdauer die Zahl der zerfallenden Atome die Zahl der neuentstehenden erreicht. Der dies berücksichtigende Anklingfaktor hat gemäß Fig. 6 die Größe

$$k'_2 = 1 - e^{-\lambda \vartheta}$$

Der Exponent stellt bis auf einen Zahlenfaktor das Verhältnis der Bestrahlungszeit zur Halbwertszeit T dar ($\lambda \cdot \vartheta = 0{,}693 \, \vartheta/T$). Wird die Bestrahlungszeit groß gegen die Halbwertszeit bemessen, so wird $k'_2 = 1$. — Der Faktor k'_3 soll den Verlusten an aktiver Substanz Rechnung tragen, die zwischen der Bestrahlung und dem Einsatz der jeweils zulässigen Substanzgewichtsmenge liegen. Es sind das die Verluste, die beispielsweise durch Unvollkommenheiten der chemischen Anreicherung oder Verzicht auf Anreicherung eintreten.

Um ein *Beispiel* für die Anwendung obiger Beziehung zu geben, soll mit ihrer Hilfe ausgerechnet werden, welche Aktivität bei *Herstellung von radioaktivem Phosphor* $^{32}_{15}P$ *durch die Reaktion* (d, p) zu erwarten ist, wenn mit Deuteronen von 8 MeV Energie mit 10 μA 100 Stunden lang bestrahlt wird. Für den zugeordneten der Tabelle entnommenen Ausbeutewert $A = 3 \cdot 10^{-4}$, für $k'_1 = 1$, sowie für $k'_2 = 0{,}2$ (gemäß der angegebenen Bestrahlungsdauer und Halbwertszeit) und für $k'_3 = 1$ folgt eine Aktivität[1] von

$$E_{res} = 2{,}2 \cdot 10^{11} \text{ } \beta\text{-Teilchen/Min.}$$

b) Bestrahlung stabiler Isotope mit Neutronen.

Bei *Bestrahlung der umzuwandelnden Substanz mit schnellen oder sehr schnellen Neutronen* ist eine Abschätzung der zu erwartenden Aktivität nur möglich, wenn für die benutzte Geometrie und die Füllsubstanz des Bestrahlungsgefäßes Streu- und Absorptionsverhältnisse bekannt sind. Für den meist angenähert realisierbaren Fall, daß die zu bestrahlende Substanz die Neutronenquelle kugelförmig umgibt, läßt sich der Anteil aktivierter Atome unter den Voraussetzungen der Fig. 16 aus dem Wirkungsquerschnitt für Neutronen der benutzten Quelle berechnen. Mit einer Neutronenergiebigkeit N_0 der Quelle berechnet sich die resultierende Aktivität gemäß Fig. 16 zu:

$$E_{res} = N_0 \cdot \left(1 - e^{-n \frac{L}{M} \varrho \sigma R}\right) \cdot k'_1 \cdot k'_2 \cdot k'_3 \text{ Teilchen/Min.} \qquad (2)$$

---
[1] Zur eventuellen Umrechnung in Milli-Curie sei angegeben, daß bei einer Aktivität von 1 Milli-Curie $2{,}23 \cdot 10^9$ β-Teilchen/Min. ausgestrahlt werden.

Die Neutronenergiebigkeit N_0 beträgt bei einer (R_a-Be)-Quelle von 1 g R_a-Element bekanntlich $1{,}2 \cdot 10^9$ Teilchen/Min. Sie kann für künstliche Neutronen-

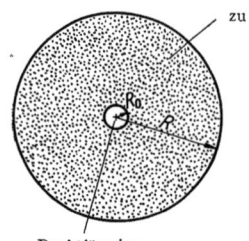

zu bestrahlende Substanz

Anzahl der von einer bestimmten Atomart der Substanz pro Minute absorbierten schnellen Neutronen:

$$N_0 - N_d = \left(1 - e^{-n\frac{L}{M}\varrho\sigma R}\right) \cdot N_0$$

Voraussetzung:

$R_0 \ll R$

$R \ll \lambda_{\text{streu}}$

Punktförmige Neutronenquelle

$N_0 =$ Neutronenanzahl pro Minute der Quelle
$N_0 - N_d =$ Zahl der pro Minute absorbierten Neutronen
$L =$ LOSCHMIDTsche Zahl (Atome/Mol) $= 6{,}06 \cdot 10^{23}$
$n =$ Zahl der betreffenden Atome im Molekül
$M =$ Molekulargewicht der Substanz
$\varrho =$ Dichte der Substanz
$\sigma =$ Absorptionsquerschnitt der betreffenden Atomart für schnelle Neutronen
$\lambda_{\text{streu}} =$ Freie Weglänge für Streuung schneller Neutronen in der Substanz
$R =$ Radius der Substanzkugel
$\dfrac{N_0 - N_d}{N_0} =$ Ausbeute

Fig. 16. Zur Berechnung der Ausbeute aus dem Wirkungsquerschnitt bei Bestrahlung mit schnellen Neutronen.

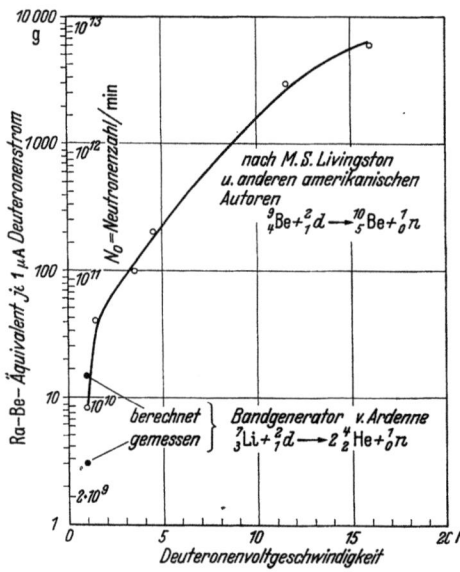

Fig. 17. (Ra—Be)-Äquivalent bzw. Neutronenergiebigkeit N_0 pro 1 μA Deuteronenstrom als Funktion der Deuteronen-Voltgeschwindigkeit.

quellen mit Hilfe der Fig. 17 oder aus der obigen Gleichung der Teilchenzahl für direkten Beschuß ermittelt werden. Der Ausdruck $n\dfrac{L}{M}\varrho$ stellt die Zahl der zu bestrahlenden Atome mit dem zugeordneten Absorptionsquerschnitt σ im Kubikzentimeter dar. Der Faktor k_1' berücksichtigt die eventuelle Verringerung der Aktivität durch Neutronenabsorption in den übrigen Atomkernen bei Substanzgemischen. Der Anklingfaktor k_2' und der Faktor k_3' haben gleichen Wert und Bedeutung wie in der Beziehung für direkten Beschuß der Auffängersubstanz.

Als *Beispiel* soll wieder die zu erwartende Aktivität von *radioaktivem Phosphor* $^{32}_{15}P$, diesmal *mit der Reaktion (n, p) hergestellt*, abgeschätzt werden und zwar für 100 Stunden Bestrahlung von Schwefelkohlenstoff CS_2 mit (Li—D)-Neutronen bei 1 MeV Deuteronenenergie und 10 μA Deuteronenstrom. Aus Fig. 17 ist hierfür ein (Ra—Be)-Äquivalent von mindestens 30 g Ra bzw. ein N_0 von $3{,}6 \cdot 10^{10}$ Neutronen/Min. zu entnehmen. Die

Abschätzung soll für $R = 10$ cm vorgenommen werden, obwohl die freie Weglänge für Streuung (λ_{Streu}) schon in der gleichen Größenordnung liegt. Der Wegverlängerung durch Vielfachstreuung soll hierbei mit einem zusätzlichen Faktor 2 Rechnung getragen werden. — Für Schwefelkohlenstoff ist $n = 2$ zu setzen. Der Wirkungsquerschnitt für ein Schwefelatom ist nach der Tabelle[1] $\delta = 9 \cdot 10^{-26}$. Für $k'_1 = 1$, Anklingfaktor wieder $k'_2 = 0{,}2$ und Substanzverlustfaktor $k'_3 = 1$ folgt eine Aktivität

$$E_{res} = 2{,}6 \cdot 10^8 \beta\text{-Teilchen/Min.}$$

Dieser Wert zeigt eindrucksvoll die Überlegenheit um etwa drei Größenordnungen der oben angenommenen Bestrahlung im Zyklotron. Er läßt aber andererseits erkennen, daß z. B. die Ergiebigkeit der Bandgeneratoranlage im Laboratorium des Verfassers bereits gut ausreicht (vgl. auch das Titelbild), um radiographische Untersuchungen nach Art der Fig. 12 durchzuführen.

Bei *Bestrahlung der umzuwandelnden Substanz mit langsamen Neutronen* erfolgt bekanntlich die Neutronenabbremsung in einem Gefäß mit stark wasserstoffhaltiger Substanz (z. B. Wasser oder Stearin). Die umzuwandelnde Substanz wird dabei in das Bremsmedium eingebettet. Die richtige Bemessung des Bremsgefäßes und die günstigste Anordnung der umzu-

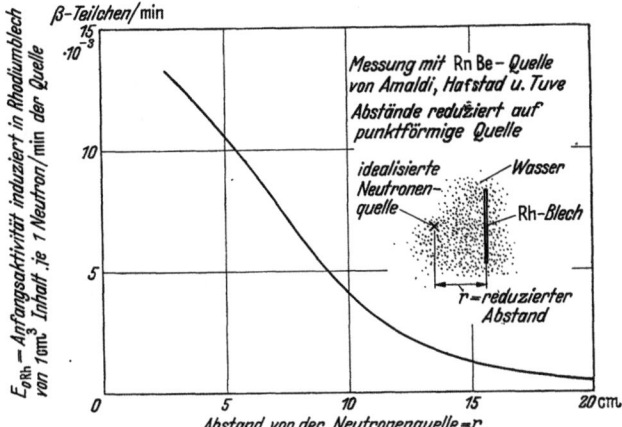

Induzierte Aktivität einer dünnen Substanzschicht pro 1 cm³ und pro 1 Neutron/min der Quelle

$$E_0 = \frac{\frac{n \varrho \sigma}{M}}{\left(\frac{\varrho \sigma}{M}\right)_{Rh}} E_{0\,Rh} = 6 \cdot 10^{22} \frac{n \varrho \sigma}{M} \cdot E_{0\,Rh} \quad \beta\text{-Teilchen/min}$$

Fig. 18. Dichteverteilung der thermischen Neutronen im Wasser, gemessen als induzierte Aktivität eines Rhodiumbleches von 1 cm³ Inhalt.

wandelnden Substanz läßt sich aus der Dichteverteilungskurve der thermischen Neutronen bei der benutzten Quelle ermitteln. Für Neutronen einer natürlichen (Rn + Be)-Quelle ist in Fig. 18 die Dichteverteilungskurve nach Messungen von E. AMALDI und Mitarbeitern[2] gezeichnet worden. Aus weiteren Messungen geht hervor, und aus der Theorie des Abbremsvorganges ist unmittelbar einzusehen, daß bei höheren Geschwindigkeiten der Primärneutronen künstlicher Quellen die Dichteverteilungskurve nur unwesentlich verbreitert wird. Eine Wasserschicht von 15 bis 20 cm Dicke genügt selbst für die sehr schnellen (16 MeV)-Neutronen des (Li + d)-Prozesses zur Abbremsung vollkommen. Die Dichteverteilung der thermischen Neutronen ist in Fig. 18 gemessen als gesamte induzierte Anfangsaktivität E_{0Rh} eines Rhodiumbleches von 1 cm³ Inhalt und etwa 0,2 mm Dicke. Soll die zu erwartende Aktivität für eine andere dünne

---

[1] Abgeschätzt zu $3 \cdot 10^{-2}$ des bekannten Streuquerschnittes.
[2] AMALDI, E., L. R. HAFSTAD and M. A. TUVE: Neutron Yields from Artificial Sources. Phys. Rev. **51**, 896 (1937).

Substanzschicht vorausbestimmt werden, so kann angenähert folgende Beziehung benutzt werden:

$$E_{res} = N_0 \cdot 6 \cdot 10^{22} \cdot \frac{n \cdot \varrho \cdot \sigma}{M} V \cdot E_{0Rh} \cdot k_1' \cdot k_2' \cdot k_3' \;\; \beta\text{-Teilchen/Min.} \quad (3)$$

Neben den Bezeichnungen der früher besprochenen Gleichungen für resultierende Aktivitäten bedeutet V das Volumen der zu bestrahlenden Substanz in cm³.

Als *Beispiel* sei wieder die zu erwartende Aktivität von *radioaktivem Phosphor* $^{32}_{15}P$, diesmal *mit der Reaktion* (n, γ) *hergestellt*, abgeschätzt und zwar für 100 Stunden Bestrahlung von Phosphor mit einer Ergiebigkeit der Neutronenquelle von wieder $N_0 = 3,6 \cdot 10^{10}$ Neutronen/Min. Der Phosphor soll in einer zur Quelle konzentrischen Kugelschale von 3 mm Dicke und 8 cm mittlerem Radius angeordnet werden. Aus der Tabelle entnehmen wir für thermische Neutronen den Wirkungsquerschnitt von $\sigma = 0,3 \cdot 10^{-24}$ cm². Für den genannten mittleren Radius folgt aus Fig. 18 $E_{0Rh} = 6,3 \cdot 10^{-3}$. Bei $k_1' = 1$, Anklingfaktor $k_2' = 0,2$ und Substanzverlustfaktor $k_3' = 1$, folgt eine Aktivität

$$E_{res} = 1,1 \cdot 10^7 \;\; \beta\text{-Teilchen/Min.}$$

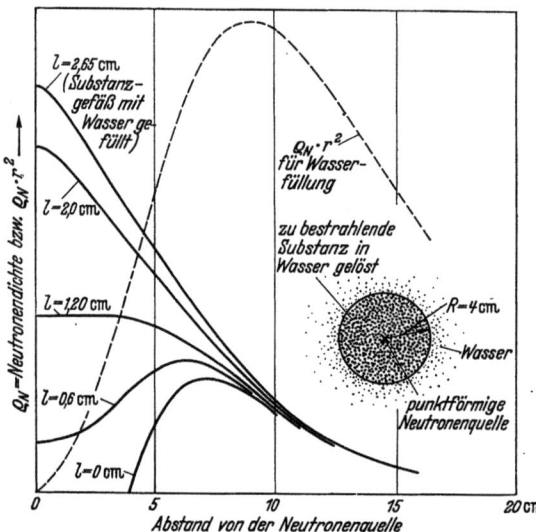

Diffusionslänge in der Substanzlösung

$$l = \frac{1}{\sqrt{3 \sum N_i \sigma_i \cdot \sum N_i^* \sigma_i^*}}$$

$N_i = n_i \dfrac{L}{M_i} \varrho_i =$ Atomzahl im cm³

$\sigma_i =$ Absorptionsquerschnitt

$\sigma_i^* =$ Streuquerschnitt

$\sum N_i \sigma_i =$ Gesamtabsorptionskoeffizient.

Fig. 19. Änderung der Dichteverteilung thermischer Neutronen durch wässerige Lösungen verschiedener Absorption, die die Neutronenquelle in einer Kugel von 4 cm Radius umgeben (nach O. HAXEL und H. VOLZ).

Die Gleichung (3) hat zur Voraussetzung, daß die Neutronendichte weder durch Streuung noch durch Absorption in der zu bestrahlenden Substanzschicht geändert wird. Die Bedingung kleiner Streuung ist dann noch hinreichend erfüllt, wenn die umzuwandelnde Substanz in einer Schichtdicke vorliegt, die kleiner ist als die freie Weglänge für Streuung in Wasser (Größenordnung 1 cm).

Die Bedingung kleiner Absorption bedeutet, daß $\gamma \cdot d \ll 1$ ist, wobei $\gamma = n \dfrac{L}{M} \varrho \cdot \sigma$ den Absorptionskoeffizienten in cm⁻¹ und d die Schichtdicke in Zentimetern darstellt. Bei Bestrahlungssystemen mit dickerer Schicht muß die Wegverlängerung durch Diffusion und die Absorption in der zu bestrahlenden Schicht berücksichtigt werden.

Um die erforderliche Abschätzung auch für Bestrahlungssysteme vornehmen zu können, bei denen Streuung und Absorption in der zu aktivierenden Substanzschicht nicht mehr vernachlässigt werden können, soll noch eine weitere Beziehung für die resultierende Aktivität gebracht werden. Die Geometrie des Bestrahlungssystems ist hier insofern geändert, als die zu bestrahlende Substanz die punktförmig angenommene Neutronenquelle in einer Kugel mit dem Radius

$R = 4$ cm umgibt. Das Bremsmedium (Wasser) befindet sich in genügender Schichtdicke außerhalb dieser Kugel. Die Rückwirkung von Absorption und Streuung in dieser Substanzkugel auf die Verteilung der Neutronendichte zeigt Fig. 19 nach Rechnungen von O. HAXEL und H. VOLZ[1]. Als Substanz werden wässerige Lösungen verschiedener Konzentration untersucht. Als Maß für Absorption und Streuung dient die Diffusionslänge l. Wir sehen aus Fig. 19, daß die Verteilung der thermischen Neutronen erst dann wesentlich verändert wird, wenn $l = 2$ cm wird. Aus der Diffusionstheorie wurde ferner von HAXEL und VOLZ berechnet, wie die Absorption thermischer Neutronen in der Kugel bei Füllung mit der Substanzlösung gegenüber der Absorption bei Füllung mit Wasser zunimmt. In Fig. 20 ist diese Abhängigkeit als Funktion des Gesamtabsorptionskoeffizienten, der für wässerige Lösungen dem Quadrat der Diffusionslänge umgekehrt proportional ist, dargestellt. Die als Maßeinheit eingeführte Zahl der in einer Wasserkugel von 4 cm Radius absorbierten thermischen Neutronen

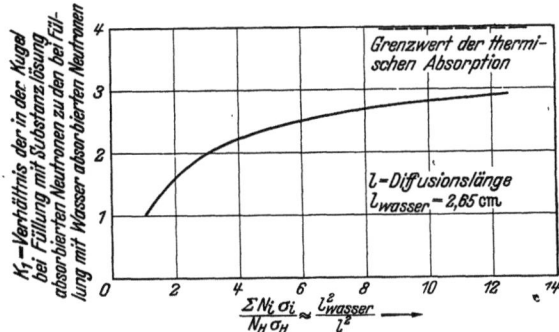

Fig. 20. Verhältnis K_1 der in der Kugel von 4 cm Radius bei Füllung mit wässeriger Lösung absorbierten thermischen Neutronen zur Zahl absorbierter Neutronen bei Füllung mit Wasser nach O. HAXEL und H. VOLZ.

berechnet sich aus der Zahl der in der Kugel vorhandenen Neutronen zur Gesamtzahl der thermischen Neutronen zu

$$N = N_0 \cdot \frac{\int_0^4 \varrho_N r^2 \, dr}{\int_0^\infty \varrho_N r^2 \, dr} \approx 4 \cdot 10^{-2} N_0$$

Die Kurve $(\varrho_n \cdot r^2)$ wurde nach Messungen von AMALDI auch für große Radien ausgewertet. Man erkennt, daß bei extrem hoher Absorption in der Substanzkugel nur die 4fache Zahl von Neutronen gegenüber Wasser absorbiert wird. Nach Vorstehendem und an Hand der Fig. 19 und 20 ergibt sich die folgende Beziehung für die resultierende Aktivität bei Substanzbestrahlung mit thermischen Neutronen

$$E_{\text{res}} = N_0 \cdot 4 \cdot 10^{-2} \cdot K_1 \cdot K_2 \cdot k_2' \cdot k_3' \quad \beta\text{-Teilchen/Min.} \qquad (4)$$

Nach den vorausgegangenen Ausführungen bedeutet $N_0 \cdot 4 \cdot 10^{-2} \cdot K_1$ die Gesamtzahl der in der Kugel pro Minute absorbierten thermischen Neutronen. Der Faktor $K_2 = \frac{N_1 \sigma_1}{\sum N_i \sigma_i}$ ist das Verhältnis der Nutzabsorption in der zu aktivierenden Substanz zur stattfindenden Gesamtabsorption. Die Faktoren k_2' und k_3' haben wieder die gleiche Bedeutung wie in den früheren Beziehungen für die resultierende Aktivität. Soll die Aktivität einer Substanz beurteilt werden, die

---

[1] HAXEL, O. u. H. VOLZ: Über die Absorption von Neutronen in wässerigen Lösungen. Z. Phys. **120**, 493 (1942).

nicht in wässeriger Lösung verdünnt ist, sondern in fester Form vorliegt, so kann durch Vergleich der Diffusionslänge in der Substanz mit der Diffusionslänge in Wasser aus Fig. 20 der Wert von K_1 abgeschätzt werden.

Wieder soll die zu erwartende *Aktivität* von mit der gleichen *Kernreaktion* (n, γ) hergestelltem *radioaktiven Phosphor* $^{32}_{15}P$ abgeschätzt werden, und zwar für die gleiche Bestrahlungsdauer (100 Stunden) und Ergiebigkeit der Quelle ($N_0 = 3,6 \cdot 10^{10}$ Neutronen/Min.). Der Phosphor umgibt hier die punktförmig angenommene Neutronenquelle in einer Kugel von 4 cm Radius. Aus dem schon oben erwähnten und benutzten Einfangquerschnitt $\sigma = 0,3 \cdot 10^{-24}$ cm^2, sowie dem Streuquerschnitt $\sigma' = 10,4 \cdot 10^{-24}$ cm^2 für Phosphor ergibt sich eine Diffusionslänge $l = 9,6$ cm gegenüber $l_w = 2,65$ cm für Wasser. K_1 kann gemäß Fig. 20 in dem fraglichen Bereich zu $\frac{l^2 \text{ Wasser}}{l^2} \approx 0,08$ abgeschätzt werden. Mit diesem Wert, $K_2 = 1$, $k_2' = 0,2$ sowie $k_3' = 1$ folgt die erwartete Aktivität zu

$$E_{\text{res}} = 2 \cdot 10^7 \ \beta\text{-Teilchen/Min.}$$

Die Gegenüberstellung dieses Ergebnisses mit dem Ergebnis für die andere Geometrie des vorausgegangenen Beispiels ist insofern besonders interessant, als *in beiden Fällen das gleiche Substanzvolumen* besteht.

In diesem Zusammenhang sei darauf hingewiesen, daß Bestrahlungssysteme der zweiten Art bei künstlichen Neutronenquellen praktisch nicht ganz so günstig wie in dem Beispiel abschneiden, weil durch die Abmessungen des Auffängers die Annahme einer punktförmigen Neutronenquelle nicht mehr erfüllt ist. — Die in dem zweiten Beispiel zugrunde liegende geometrische Anordnung ist besonders dann zu empfehlen, wenn die Substanz in wässerigen Lösungen enthalten ist, weil dann die starke Streuung an den Wasserstoffatomen auch im Inneren der Kugel sich nutzbringend auswirkt. — In Fällen, wo Konkurrenzprozesse durch schnelle Neutronen stören können, verdient die Geometrie des zuerst besprochenen Beispiels den Vorzug, weil in etwa 10 cm Entfernung die Zahl der schnellen Neutronen gegenüber der Zahl der thermischen Neutronen sehr zurücktritt.

Ein Vergleich der vorstehenden beiden Abschätzungen für die Herstellung von Radiophosphor durch den (n, γ)-Prozeß mit der unter sonst gleichen Annahmen für den (n, p)-Prozeß erfolgten früheren Abschätzung harmoniert mit der bekannten Beobachtung, daß in dem (Ausnahme-)Fall der Herstellung von Radiophosphor bei den zugrunde gelegten geometrischen Verhältnissen der Praxis die Herstellung mit schnellen Neutronen günstiger ist als mit thermischen Neutronen.

c) Spaltung von Urankernen in radioaktive Isotope durch Neutroneneinwirkung.

Die ungefähre *Größe der auf die einzelnen Spaltprodukte entfallenden Aktivität* läßt sich für *Urankernspaltung durch direkten Beschuß* mit Deuteronen an Hand der Gleichung (1), für *Urankernspaltung mit schnellen Neutronen* an Hand der Gleichung (2), für *Urankernspaltung mit thermischen Neutronen* an Hand der Gleichungen (3) oder (4) abschätzen, wenn die entsprechenden Ausbeutezahlen oder Wirkungsquerschnitte bekannt sind. Diese sind aus der Literatur nur für Urankernspaltung mit thermischen Neutronen zu entnehmen. Aus diesem Grunde soll die zu erwartende Aktivität nur für Urankernspaltung mit thermischen Neutronen und zwar in Verbindung mit der Gleichung (3) diskutiert werden. Der Wirkungsquerschnitt für die Urankernspaltung mit thermischen Neutronen bei natürlicher Häufigkeitsverteilung der Uranisotope liegt, wie schon oben erwähnt, bei etwa $\sigma_{USp} = 2 \cdot 10^{-24}$ cm². Da aus den oben zitierten Messungen von JENTSCHKE und PRANKL die *relative Häufigkeit der einzelnen Spaltprodukte* bei Einwirkung thermischer Neutronen bekannt ist, läßt sich die ungefähre Größe des Wirkungsquerschnittes, bezogen auf das einzelne Spaltprodukt, angeben. Die entsprechenden Werte ergeben sich aus der Darstellung Fig. 21. Sind bei der interessierenden Massenzahl die Spaltprodukte auf verschiedene Isomere verteilt, so muß der aus Fig. 21 abgelesene Wert gemäß dem Anteil des gewünschten Isotops verringert werden.

Nach einer neueren Veröffentlichung[1] scheint die relative Häufigkeit in den Seitenästen der Kurven nicht ganz so schnell abzuklingen wie in Fig. 21. Infolgedessen ist die Lücke zwischen den beiden Verteilungskurven, die sonst teilweise

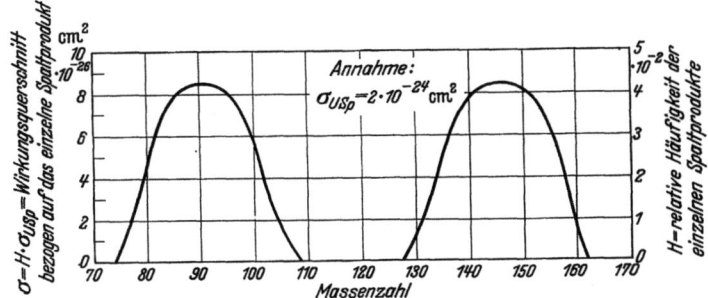

Fig. 21. Die ungefähre Größe des Wirkungsquerschnittes bezogen auf das einzelne Spaltprodukt bei Urankernspaltung mit thermischen Neutronen (ermittelt nach Messungen von JENTSCHKE und PRANKL).

durch Spaltungen mit schnellen Neutronen ausgefüllt werden kann, weniger stark ausgeprägt. Die angedeuteten Ungenauigkeiten, bedingt zum Teil durch statistische Streuung, zum Teil durch die Schwierigkeiten der Messung, lassen natürlich nur eine sehr rohe Abschätzung der auf das gewünschte Isotop entfallenden Aktivität zu. Für das Thema der vorliegenden Schrift genügt jedoch, was auch für die früher besprochenen Fälle gilt, schon eine ungefähre Ermittlung der zu erwartenden Aktivität, denn die Unterschiede gegenüber den experimentell beobachteten Werten lassen sich fast stets durch geringfügige Änderungen der Bestrahlungsintensität oder der Bestrahlungszeit ausgleichen.

Bei der Aktivitätsberechnung nach Gleichung (3) ist zu beachten, daß die Größen n, ϱ und M für das bestrahlte Uransalz (z. B. Uranylnitrat für die Gewinnung von radioaktivem Strontium oder Ammoniumuranat für die Gewinnung von radioaktivem Barium oder Jod) einzusetzen sind. Der Faktor k'_1 ist gleich 1 zu nehmen.

[1] FLAMMERSFELD, A., P. JENSEN u. W. GENTNER: Die Aufteilungsverhältnisse und Energietönungen bei der Uranspaltung. Z. Phys. **120**, 450 (1942).

C. Das Indikator-Verfahren mit stabilen Isotopen.
I. Die Meßmethoden.

Bei dem Indikatorverfahren mit stabilen Isotopen kommt es darauf an, durch *Messung der Änderung der relativen Häufigkeit des zur Markierung benutzten Isotops* Einblick in den Ablauf des aufzuklärenden Vorganges zu gewinnen. Gemäß Fig. 22 verhalten sich bei einer Mischung die Gewichtsmengen des Indikators G_1 zu derjenigen der Mischung G_2 umgekehrt wie ihre Konzentrationen. Als Konzentration wird hier verstanden die Differenz zwischen jeweils vorliegender zur natürlichen relativen Häufigkeit. Für die Beurteilung

---

Relative Häufigkeit H eines Isotops = Zahlenmäßiger Anteil dieses Isotops am Isotopengemisch des Elementes.

G_0 = Gewicht des natürlichen Elementes mit der relativen Häufigkeit H_0 des seltenen Isotops.

G_1 = Gewicht des Elementes mit künstlich erhöhter relativer Häufigkeit H_1 des seltenen Isotops.

$G_2 = G_0 + G_1$ = Gewicht der Mischung mit der resultierenden relativen Häufigkeit H_2 des seltenen Isotops.

Beziehung zwischen Gewicht und relativer Häufigkeit $(H_2 - H_0) G_2 = (H_1 - H_0) G_1$
Absoluter Meßfehler bei der Bestimmung der relativen Häufigkeit = ΔH
Relativer Meßfehler von H_2 $\delta = \dfrac{\Delta H}{H_2 - H_0}$ Anreicherungsfaktor   = $\dfrac{H_1}{H_0}$

Fig. 22. Beziehung zwischen Gewicht und relativer Häufigkeit bei einer Mischung von Elementen mit natürlicher relativer Häufigkeit und durch Anreicherung erhöhter relativer Häufigkeit des seltenen Isotops.

des Meßverfahrens sei aus einer im letzten Abschnitt gebrachten Beziehung vorweggenommen, daß ein Meßgerät um so besser für das Indikatorverfahren mit stabilen Isotopen geeignet ist, je geringer sein absoluter Meßfehler ΔH bei der Bestimmung der relativen Häufigkeit und je kleiner das von ihm für die Messung benötigte Substanzgewicht G_{min} ist. Je besser das Meßverfahren diese beiden Forderungen erfüllt, desto geringerer Aufwand genügt in bezug auf H_1 und G_1 bei der Isotopenanreicherung und desto größere Reserven bestehen in bezug auf Verluste durch Verzweigung oder Verdünnung der markierten Substanz beim Ablauf des aufzuklärenden Vorganges.

a) Das Verfahren der Dichtebestimmung.
Meßempfindlichkeit und Mindestgewicht.

Allein für das Isotop ^2_1D hat die *Bestimmung der relativen Häufigkeit aus Dichtemessungen von Flüssigkeiten* praktische Bedeutung erlangt. Hierfür sind unter anderem die folgenden Methoden benutzt worden[1]. Die *pyknometrische*

---

[1] LOOFBOUROW, J. R.: Borderland Problems in Biology and Physics. Rev. modern. Phys. **12**, 270 (1940).

Methode besitzt bei einer verhältnismäßig großen für die Messung benötigten Wassermenge von 5 cm³ eine Genauigkeit von 10^{-6}, entsprechend einem Faktor von 10^{-5} in Gewichtsteilen D_2O in H_2O. Als weitere Methode kommt die *Schwimmermethode* in Frage, bei der das Gleichgewicht des Schwimmers durch Temperaturregelung des hydrostatischen Druckes oder magnetische Anziehung eines im Schwimmer befindlichen Eisenstückes eingestellt wird. Die Meßgenauigkeit wird auf $5 \cdot 10^{-5}$ Gew.-% von D_2O in H_2O angegeben bei einer ebenfalls beträchtlichen erforderlichen Flüssigkeitsmenge.

Mit der wesentlich kleineren Flüssigkeitsmenge von 10^{-2} cm³ gelingen die Dichtemessungen nach der *Methode des fallenden Tropfens* von BARBOUR und HAMILTON. Bei dieser Methode mißt man die Zeit, die ein Tropfen von definiertem Inhalt braucht, um eine bestimmte Fallhöhe in einer nicht mit Wasser mischbaren Flüssigkeit etwas geringerer Dichte zu durchlaufen. Beispielsweise wird ein Tropfen von 10^{-2} cm³ Inhalt in $o = Fluortoluol$ über eine Strecke von etwa 30 cm fallen gelassen. Die Genauigkeit der Dichtebestimmung beträgt hierbei 10^{-5} Anteile D_2O in H_2O, also ist $\Delta H = 10^{-5}$.

Die *Untersuchung des Stoffwechsels in Organismen* mit Hilfe stabiler Isotope hat die Präparation solcher Verbindungen zur Voraussetzung, bei denen ein oder mehrere Atome durch ihre angereicherten Isotope ersetzt werden. Die weitaus meisten praktischen Versuche in dieser Richtung sind mit schwerem Wasserstoff bzw. schwerem Wasser durchgeführt worden. Bei der Markierung einer organischen Verbindung mit schwerem Wasserstoff muß dieses Isotop so eingebaut werden, daß es während der Stoffwechselreaktionen nicht vom Molekül verloren wird. Dies bedeutet, daß der schwere Wasserstoff fest an das Kohlenstoffgerüst gebunden sein muß. Auf Grund der allgemeinen Kenntnisse über die Reaktionen organischer Verbindungen läßt sich in den meisten Fällen voraussagen, welche Wasserstoffatome mit denjenigen des Wassers, in denen die Verbindungen gelöst sind, ausgetauscht werden. Da biologische Reaktionen stets in flüssiger Phase stattfinden, ist es für diese Untersuchungen entscheidend, daß nur solche Substanzen markiert werden, bei denen der schwere Wasserstoff fest im Molekül gebunden ist. In der amerikanischen Literatur[1] finden sich besonders zahlreiche ausführliche Untersuchungen über die Anwendung von schwerem Wasserstoff zur Markierung und über die Grenzen dieser Methode. Dort finden sich auch nähere Hinweise über die benutzten Verbindungen und über die Präparation dieser Verbindungen.

Zur Analyse des Gehalts an schwerem Wasserstoff wird die isolierte organische Substanz verbrannt und das dabei entstehende Gemisch von leichtem und schwerem Wasser gemessen.

In neuerer Zeit sind auch die Isotope $^{13}_{6}C$, $^{15}_{7}N$ und $^{18}_{8}O$ für Stoffwechseluntersuchungen erfolgreich herangezogen worden[2], als vor allem durch die

---

[1] SCHOENHEIMER, R. and D. RITTENBERG: The Application of Isotopes to the Study of Intermediary Metabolism. Science, New York **87**, 221 (1938). — RITTENBERG, D. and G. L. FOSTER: A new procedure for quantitative analysis by isotope dilution, with application to the determination of amino acids and fally acids. J. of biol. Chem. **133**, 737 (1940) und S. GRAFF, D. RITTENBERG and G. L. FOSTER: The glutamic acid of malignant tumors. J. of biol. Chem. **133**, 745 (1940). Vgl. ferner Literaturverzeichnis Abschnitt D IV.

[2] Vgl. z. B. für $^{13}_{6}C$: H. G. WOOD, C. H. WERKMANN, A. HENNINGWAY and A. O. NIER: Heavy carbon as tracer in bacterial fixation of carbon dioxide. J. of biol. Chem. **135**, 789 (1940). — Für $^{15}_{7}N$: R. SCHOENHEIMER and D. RITTENBERG: Studies in protein metabolism. J. of biol. Chem. **127**, 285 (1939). — Für $^{18}_{8}O$: N. E. DAY and P. SHEEL: Oxygen isotopic exchange in animal respiration. Nature, Lond. **142**, 917 (1938).

Arbeiten von UREY die seltenen Isotope in Gewichtsmengen der Größenordnung 1 g bei Anreicherungen bis zu etwa H = 20% für solche Arbeiten zur Verfügung gestellt wurden. Für die Messung der relativen Häufigkeiten dieser Isotope, sowie der Isotope mit noch höheren Massenzahlen kommt fast ausschließlich das massenspektrometrische Verfahren zum Einsatz.

b) Das massenspektrometrische Verfahren.
Meßempfindlichkeit und Mindestgewicht.

Werden in einer Ionenquelle erzeugte und mit Hilfe einer hohen Gleichspannung auf große und einheitliche Geschwindigkeit beschleunigte Ionen durch ein magnetisches Feld abgelenkt, so werden bekanntlich die den schwereren Massen zugeordneten Ionen weniger abgelenkt als die leichteren Ionen. Mit Hilfe einer hinter dem magnetischen Ablenkfeld angeordneten photographischen Platte läßt sich die Aufspaltung des Ionengemisches in die verschiedenen beteiligten Isotope bequem erkennen. Durch geschickte Ausgestaltung der ablenkenden und fokussierenden Felder ist es vor allem im Massenspektrographen nach MATTAUCH und HERZOG gelungen, das Auflösungsvermögen so weit zu steigern, daß nicht nur, wie bei der klassischen Einrichtung von ASTON, eine vollständige Trennung der Isotope bis zu den höchsten Massenzahlen gelingt, sondern darüber hinaus die Feinstruktur (Massendefekte) in den Massenspektren sichtbar wird. Für die vorliegende Aufgabe sind diese hoch entwickelten Massenspektrographen aus zwei Gründen wenig geeignet. Bei photographischer Ermittlung der Intensität gehen Schwärzungskurve und Körnung der Photoschicht in das Endergebnis ein, so daß relative Häufigkeiten nur mit mäßiger Genauigkeit oder recht umständlich zu bestimmen sind. Weiter sind diese Massenspektrographen verhältnismäßig lichtschwach, so daß andere Aufzeichnungsmittel als das integrierende photographische Verfahren kaum in Frage kommen. Für die Messung von relativen Häufigkeiten sind daher schon vor längerer Zeit lichtstarke Spezialeinrichtungen geschaffen worden, bei denen die Intensität der Isotopenlinien durch unmittelbare Messung der zugeordneten Ionenströme ermittelt wird. Für den praktischen Einsatz im Rahmen der hier besprochenen Methode eignet sich besonders eine von NIER[1] angegebene Spektrometerbauweise. Den Schnitt durch ein auf der Grundlage des NIERschen Gerätes im Laboratorium des Verfassers entwickeltes *ausheizbares Registrier-Massenspektrometer* vermittelt Fig. 23. Die Ansicht der Ausführung dieser auch für chemische Analysen sehr vielseitig einsetzbaren Meßapparatur bringt mit einigen erläuternden Hinweisen Fig. 24. Ausgenutzt ist bei ihr die Tatsache, daß schwach divergent von einem Spalt ausgehende Ionen homogener Geschwindigkeit wieder fokussiert werden, wenn sie senkrecht in ein homogenes zwischen V-förmig begrenzten Polen bestehendes Magnetfeld gestrahlt werden. Die Wirkungsweise der Fokussierung bedingt, daß die Mitte des Ionenquellenspaltes, der Krümmungsmittelpunkt der Teilchenbahn im Ablenkfeld und der Ort der Abbildung auf einer geraden Linie liegen[2]. Der *Krümmungsradius einer Teilchenbahn im Ablenkmagnetfeld* beträgt.

$$R = \sqrt{\frac{2mU}{e}} \cdot \frac{1}{\mathfrak{H}} \qquad (5)$$

R wird in cm erhalten, wenn m und e die Masse in Gramm bzw. die Ladung in Coulomb des betreffenden Ions, U die Beschleunigungsspannung in Volt und $\mathfrak{H}$ die magnetische Feldstärke des Ablenkfeldes in Gauß eingesetzt wird. Bei

---
[1] NIER, A. O.: Rev. Science Instr. 11 (1940) 212.
[2] Vgl. z. B. E. BRÜCHE u. A. RECKNAGEL: Elektronengeräte, S. 118. Berlin: Springer 1941.

gleichbleibender magnetischer Feldstärke und Geometrie sind daher angelegte Beschleunigungsspannung und Massenzahl einander umgekehrt proportional, gleiche Ladung vorausgesetzt.

An dem abgebildeten Massenspektrometer ist eine Regeleinheit angebracht, durch die das Magnetfeld stetig und nach einem solchen Gesetz geändert wird,

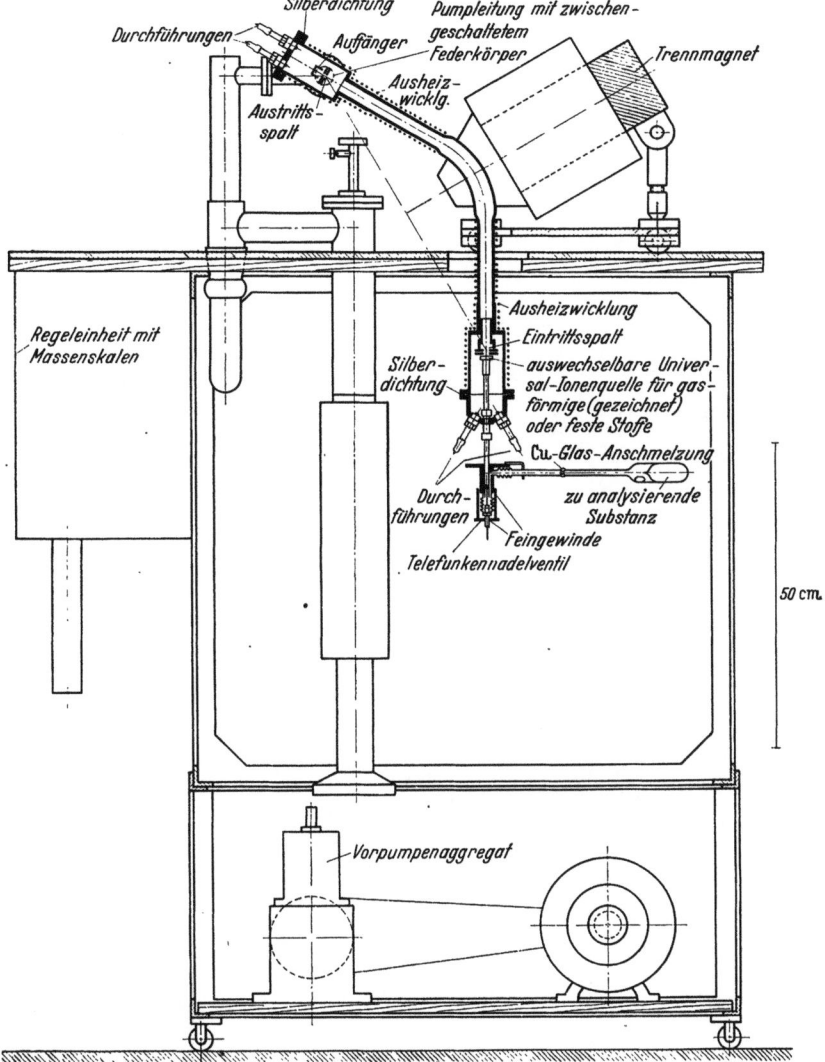

Fig. 23. Ausheizbares Registrier-Massenspektrometer für gasförmige, flüssige oder feste Stoffe. (Bauart v. ARDENNE.)

daß bei gleichmäßig angetriebener Registrierung der Ionenstromstärke am Austrittsspalt eine *lineare* Massenzahlenskala sich ergibt. Die Skala der Massen zwischen 8 bis 238 ist hierbei auf drei Bereiche aufgeteilt. Sollen nur Messungen über die relative Häufigkeit von Isotopen ein und desselben Elementes durchgeführt werden, so wird das Magnetfeld mit Hilfe der Regeleinheit und der mit ihr kombinierten Eichskala so eingestellt, daß bei einer vorgesehenen geringfügigen und stetigen Veränderung ($\Delta U \approx 100$ V) der Beschleunigungsspannung (1000 V) gerade die Isotope des betreffenden Elementes über den Austrittsspalt wandern. Bei dieser durch eine einfache Umschaltung an der Regeleinheit gegebenen

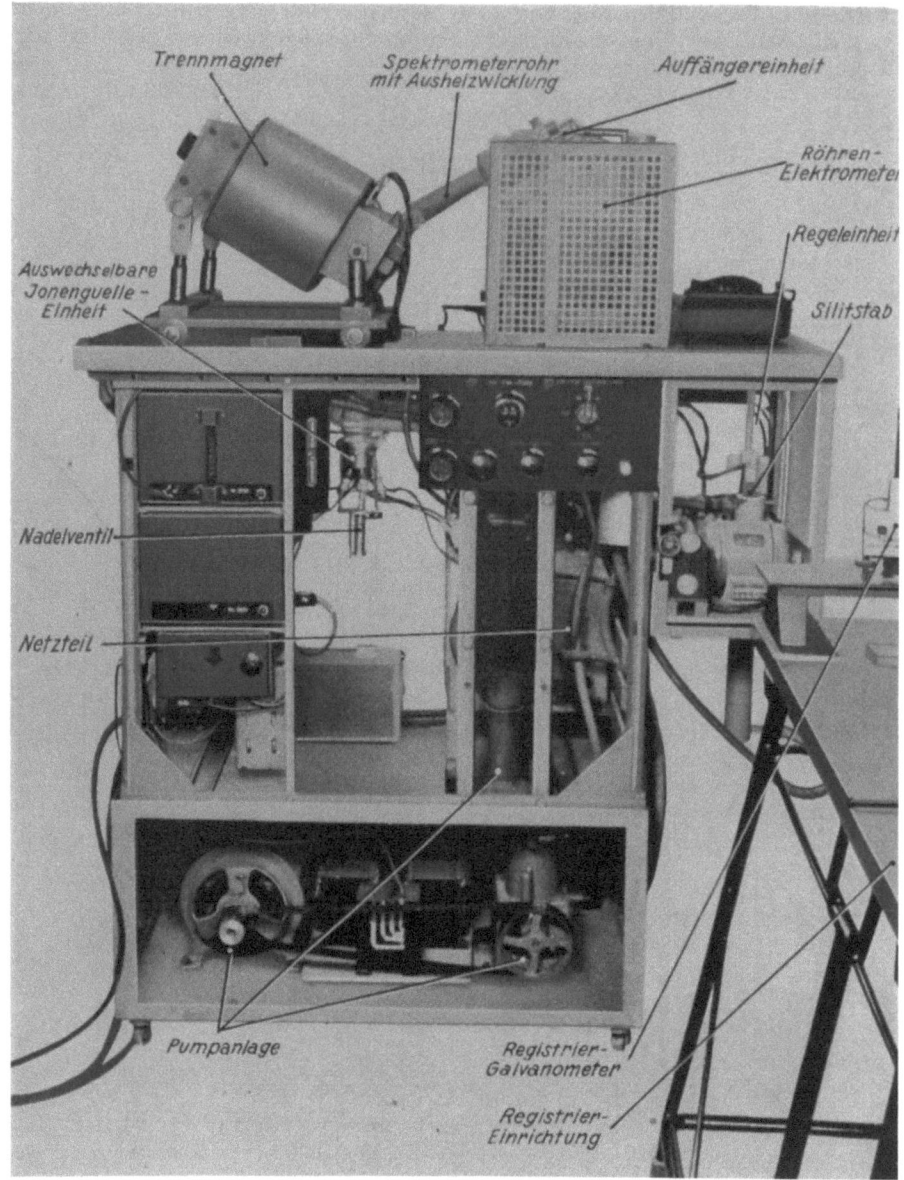

Fig. 24. Ansicht des ausheizbaren Registrier-Massenspektrometers mit linearer Massenzahlenskala im Laboratorium des Verfassers.

Betriebsweise ergibt sich aus der erhaltenen Registrierung eine erhöhte Meßgenauigkeit.

Zur Ausschaltung von Fremdgasen und Dämpfen, die Spektrum und Meßwert der relativen Häufigkeit stark beeinflussen können, wird das ganze als

Metallkonstruktion ausgeführte Entladungsrohr des Gerätes Fig. 24 vor jeder Messung mit Hilfe von Heizwicklungen ausgeheizt. Die Auswechslung der Systeme wird durch ausheizbare (fettfreie) Vakuumverbindungen mit Silberfolien ermöglicht.

Die Ionisierung erfolgt durch Elektronen relativ geringer (etwa 100 V) und einstellbarer Geschwindigkeit. Der Elektronenstrom vor dem Spalt der Ionenabsaugelektrode, der ein Maß für die Ionisierung ist, kann mit Hilfe eines Auffängers gemessen und gegebenenfalls registriert werden. Zur fein dosierbaren Zuleitung von zu messenden Gasen dient ein Nadelventil mit Federkörper.

Ein zweiter Ionenquelleneinsatz wurde so ausgestaltet, daß auch Häufigkeitsmessungen an flüssigen und festen Stoffen möglich sind. Der horizontal liegende Boden des Ionisierungsraumes der Quelle enthält bei dieser Betriebsweise einen kleinen von außen elektrisch heizbaren Platin- oder Wolframtopf, in den die zu messende Substanz eingebracht wird.

Die Messung des hinter dem Austrittsspalt vom Auffänger aufgenommenen Ionenstromes erfolgt mit Hilfe eines Röhrenelektrometers, dessen Gitterkreis äußerst kapazitätsarm ausgeführt ist, in Verbindung mit einer Registriereinrichtung und drei Galvanometern mit 1:10 abgestuften Empfindlichkeiten (Registrierzeiten 8 Min. Galvanometereinschwingzeit und Gitterkreis-Zeitkonstante 1 sec). Die Anwendung eines vielstufigen *Sekundäremissionsverstärkers* (mit erhöhter Widerstandsfähigkeit der Kathoden gegen Luft) an dieser Stelle ist vorbereitet.

Das bei rationeller Betriebsweise des besprochenen Massenspektrometers zur *Durchführung einer Häufigkeitsmessung mindestens benötigte Substanzgewicht* beträgt bei gasförmigen zu analysierenden Substanzen und dem vorgesehenen kleinen Gasreservoir weniger als 10^{-4} g für Kohlenstoff. Bei Messungen der relativen Häufigkeit von schwereren Massen oder von festen Stoffen liegt das Mindestgewicht um 1 bis 2 Größenordnungen höher bzw. tiefer, je nach den vorliegenden physikalischen und chemischen Verhältnissen. Im Laufe weiterer Entwicklungsarbeiten an Massenspektrometern könnte das zur Analyse benötigte Substanzgewicht noch um mehrere Größenordnungen verringert werden, wenn man dazu übergeht, durch Einsatz von Meßverfahren mit mehreren Auffängern die Häufigkeitsmessungen der einzelnen Isotope nicht zeitlich nacheinander, sondern gleichzeitig und mit sehr kurzen Meßzeiten durchzuführen. Dann würde für jede Einzelmessung ein außerordentlich kurzzeitiges Aufrechterhalten des Dampfdruckes im Ionisierungsraum der Quelle genügen. — Für genauere Häufigkeitsmessungen wie bei der Benutzung des zuvor beschriebenen Gerätes, wäre der arithmetische *Mittelwert aus bis zu etwa 10 Einzelmessungen* zu bilden. Schon im heutigen Entwicklungszustande sind die erforderlichen Substanzmengen sehr klein gegenüber den bei den früher besprochenen Methoden erforderlichen Mengen.

Die Meßempfindlichkeit hängt für gegebene ionenoptische Verhältnisse beim massenspektrometrischen Verfahren im wesentlichen von der Empfindlichkeit und dem Störpegel der Einrichtung zur Ionenstrommessung ab, sowie auch von dem Grad der Ausschaltung von Fremdgaseinflüssen. Die Ungenauigkeit der Häufigkeitsbestimmung liegt bei einer Anlage nach Art der Fig. 23 und 24 etwa bei $\Delta H = 10^{-4}$ und kann durch Anwendung höherer Beschleunigungsspannungen, stärkerer Magnetfelder, längerer Spektralspalte und damit kräftiger Ionenquellen, wie die Ergebnisse von RITTENBERG und Mitarbeitern erkennen lassen, noch auf etwa $\Delta H = 3 \cdot 10^{-5}$ vermindert werden.

II. Die verschiedenen Wege zur Anreicherung seltener Isotope.

Zur Anreicherung seltener Isotope steht heute schon eine größere Zahl von recht leistungsfähigen Verfahren zur Verfügung. Nachdem bereits W. WALCHER[1] eine Übersicht über die verschiedenen Verfahren, ihre physikalischen Grundlagen und ihre Resultate gegeben hat, mag an dieser Stelle eine kurze Diskussion unter bezug auf die Indikatormethode genügen.

Für die Markierung muß mit Hilfe des Trennverfahrens von dem ursprünglich seltenen Isotop eine *möglichst große Gewichtsmenge G_1 mit möglichst starker Erhöhung ($H_1 - H_0$) seiner relativen Häufigkeit* hergestellt werden. Die Zahlenwerte

Tabelle II. Übersicht über die Leistung der wichtigsten Verfahren zur Anreicherung seltener Isotope (Stand 1940).

Trennverfahren	Isotop	H_0	$H_1 - H_0$	G_1 (g)	Zeitaufwand (h)	Literatur
Elektrolyse	$^{2}_{1}D$	$2 \cdot 10^{-4}$	0,99	50	1	R. FRERICHS: Ergebn. exakt. Naturw. **13**, 257 (1934).
,,	$^{6}_{3}Li$	$7,9 \cdot 10^{-2}$	$4,9 \cdot 10^{-2}$	7		L. HOLLECK: Z. Elektrochem. **44**, 111 (1938).
Diffusion	$^{13}_{6}C$	$1,1 \cdot 10^{-2}$	0,49	$5 \cdot 10^{-3}$	60	M. DE HEMPTINNE u. P. CAPRON: J. Phys. Radium **10**, 171 (1939).
,,	$^{15}_{7}N$	$3,8 \cdot 10^{-3}$	0,181	10^{-4}	120	H. KRÜGER: Z. Phys. **111**, 467 (1939).
Fraktionierte Destillation	$^{22}_{10}Ne$	$9,73 \cdot 10^{-2}$	0,189	0,7	30	W. H. KEESOM, H. VAN DIJKEN u. J. HAANTJES: Physica, Haag **1**, 1109 (1934).
Chemische Austausch-Reaktion	$^{13}_{6}C$	$1,1 \cdot 10^{-2}$	$2,7 \cdot 10^{-3}$		45	H. C. UREY, A. H. W. ATEN u. A. S. KESTON: J. chem. Phys. **4**, 623 (1936).
,,	$^{15}_{7}N$	$3,8 \cdot 10^{-3}$	0,70	2,2	24	H. G. THODE u. H. C. UREY: J. chem. Phys. **7**, 137 (1939).
Thermodiffusion	$^{13}_{6}C$	$1,1 \cdot 10^{-2}$	$9 \cdot 10^{-3}$	0,15	48	H. S. TAYLOR: Nature, Lond. **144**, 487 (1939).
,,	$^{37}_{17}Cl$	0,246	0,748	$1,3 \cdot 10^{-2}$	24	K. CLUSIUS u. G. DICKEL: Z. phys. Chem. Abt. B **44**, 397 (1939).
Ultrazentrifuge	$^{37}_{17}Cl$	0,246	$9 \cdot 10^{-3}$	1	100	C. SKARSTROM, H. E. CARR u. J. W. BEAMS: Phys. Rev. **55**, 591 (1939).
Massenspektrograph	$^{41}_{19}K$	$6,7 \cdot 10^{-2}$	0,97	$1,2 \cdot 10^{-3}$	100	W. R. SMYTHE u. A. HEMMENDINGER: Phys. Rev. **51**, 178 (1937).

für die jeweils notwendige Anreicherung und für die notwendige Gewichtsmenge folgen aus den unten im Abschnitt V abgeleiteten Grundgleichungen. Eine Übersicht über die mit den einzelnen Verfahren praktisch bis etwa 1940 für G_1 und $H_1 - H_0$ erreichten Zahlenwerte bei einigen besonders wichtigen Isotopen gibt die nebenstehende Tabelle II. Zu einem genaueren Vergleich der verschiedenen Verfahren muß neben diesen beiden Größen auch noch die zur

---

[1] WALCHER, W.: Ergebnisse der exakten Naturwiss. Berlin: Springer-Verlag **18** (1939) 155.

Durchführung der Entmischung aufgewendete Energie berücksichtigt werden. Da in der Zukunft mit Isotopentrennungen von größeren Mengen für technische Zwecke und für die Zwecke des Indikatorverfahrens mit stabilen Isotopen zu rechnen ist, wurde im Laboratorium des Verfassers eine nähere Untersuchung über den Energieaufwand bei den verschiedenen Verfahren und die Beantwortung der Frage, wodurch dieser bedingt ist, vorgenommen[1]. Noch ist die Entwicklung auf diesem Gebiete stark im Fluß. Noch steht die Entscheidung (ausgenommen bei der Isolierung von $^2_1$D, wo das elektrolytische Verfahren sich durchgesetzt hat) aus, welcher Verfahren sich die Technik endgültig zur Anreicherung der verschiedenen seltenen Isotope bedienen wird, wenn auch

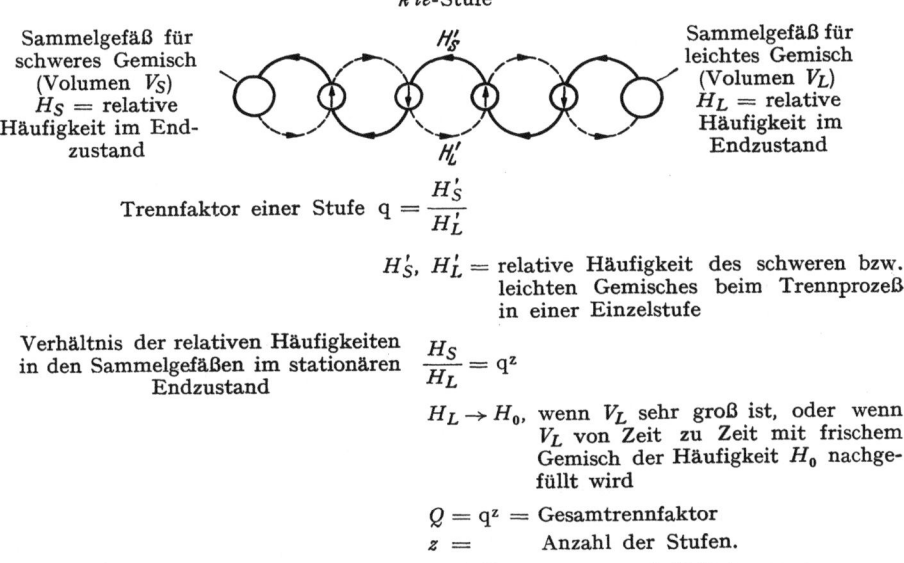

Fig. 25. Darstellung zur Isotopenanreicherung bei Trennapparaturen mit Vielfachprozessen.

einige besonders aussichtsreiche Verfahren sich abzuzeichnen beginnen. In diesem Zeitpunkt wäre es verfrüht, eingehendere Betrachtungen über die quantitativen Zusammenhänge zwischen der Ausbeute an seltenem Isotop, Versuchsbedingungen, aufgewendeter Energie und Zeit im einzelnen anzustellen.

Dem Verfahren der *elektrolytischen Isotopentrennung* liegt die Entdeckung von WASHBURN und UREY zugrunde, daß der bei der Elektrolyse wässeriger Lösungen entstehende Wasserstoff ein etwas anderes Mischungsverhältnis hat als der des zurückbleibenden Wassers, und zwar bleibt der schwere Wasserstoff in der Lösung, während in der Gasphase der leichte Wasserstoff angereichert ist. Das elektrolytische Verfahren ist auch für die Anreicherung anderer Isotope ($^6_3$Li, $^{18}_8$O) gelegentlich mit Erfolg eingesetzt worden.

Das besonders von G. HERTZ ausgebaute Verfahren der *Isotopentrennung durch Diffusion* beruht darauf, daß bei beliebigen Diffusionsprozessen die Diffusionskonstante von der Masse der diffundierenden Gasatome abhängig ist. Zu einer wirksamen Isotopentrennung gelangte man erst durch die in Fig. 25 dargestellte sinnreiche und häufige Wiederholung des Einzelprozesses. So wurden

---
[1] HOUTERMANS, F. G.: Über den Energieverbrauch bei der Isotopentrennung. Ann. Phys., Lpz. V, **40**, 493 (1941).

die in der Tabelle für dieses Trennverfahren angeführten Zahlenwerte erst mit etwa 50gliedrigen Apparaturen erreicht.

Die Methode der *Trennung durch fraktionierte Destillation* beruht auf der Tatsache, daß der Dampfdruck chemisch gleicher Substanzen eine geringe Abhängigkeit von der Massenzahl des betrachteten Isotops aufweist. Mit wachsender Massenzahl unterscheiden sich die Dampfdrucke immer weniger, so daß dieses auch nur durch häufige Wiederholungen der Einzelprozesse wirksam zu gestaltende Verfahren in erster Linie für Arbeiten im Bereich relativ kleiner Massenzahlen in Frage kommt.

Größere praktische Bedeutung hat das in Amerika zu hoher Vollendung ausgebaute Verfahren der *Trennung durch chemische Austauschreaktionen* erreicht. Dieses Verfahren beruht auf der Tatsache, daß die Gleichgewichtskonstanten in gleichzeitig und gegenläufig sich abspielenden Reaktionen ein wenig voneinander verschieden sind. Durch vielhundertfache Wiederholung eines geeignet geführten Einzelprozesses gelang es UREY, mit dieser Methode die wichtigen und seltenen Isotope von $^{13}_{6}C$, $^{15}_{7}N$ und $^{18}_{8}O$ in zum Teil recht erheblichen Mengen (Größenordnung mehrerer Gramm) wirksam anzureichern. Die für die Indikatormethode mit stabilen Isotopen grundlegenden Arbeiten von SCHOENHEIMER und RITTENBERG wurden durchweg mit nach diesem Verfahren von UREY und Mitarbeitern hergestellten Isotopenpräparaten vorgenommen. Mit Rücksicht darauf, daß in USA. solche Präparate bereits im Handel bezogen werden können, wäre es von hohem Wert, wenn sich auch die deutsche chemische Industrie bald ihrer Herstellung annähme.

Bei dem Verfahren der *Isotopentrennung durch Thermodiffusion* wird der Effekt ausgenutzt, daß in einem Gasgemisch, welches einem Temperaturgefälle ausgesetzt ist, ein Diffusionsprozeß stattfindet, bei dem die leichten Moleküle bevorzugt an die Stelle höherer Temperatur wandern. Diesem an sich relativ geringfügigen Effekt wirkt die gewöhnliche Diffusion entgegen, die eine gleichmäßige Verteilung der Moleküle anstrebt. Der Gleichgewichtszustand ist dann erreicht, wenn die in der Zeiteinheit durch Thermodiffusion hervorgerufene Entmischung durch die gewöhnliche Diffusion gerade kompensiert wird. Der Trennfaktor des Thermodiffusionsprozesses liegt in der gleichen Größenordnung wie die kleinen Trennfaktoren der zuvor besprochenen Prozesse, so daß also auch hier nur die geeignete und häufige Wiederholung des Einzelprozesses zu einer wirksamen Isotopentrennung führen kann. Die einfache und wirksame Anordnung für fortlaufende Wiederholung des Einzelprozesses, durch die dieses Trennprinzip erst seine heutige praktische Bedeutung erlangte, haben CLUSIUS und DICKEL mit ihrem *Trennrohr*[1] angegeben. Das Trennrohr besteht aus einem viele Meter langen zylindrischen Rohr mit gekühlter Wand und einem in der Rohrachse gespannten Glühdraht. Der leitende Gedanke des Trennrohrverfahrens besteht darin, den durch die Temperaturdifferenz hervorgebrachten Wärmestrom unter gleichzeitiger Wirkung der Thermodiffusion zu der Ausbildung einer Konvektionsströmung zu benutzen, die das heiße Gas am kalten im Gegenstrom vorbeiführt. Durch die beiden im Trennrohr ausgenutzten Effekte wird schließlich die leichte Komponente am oberen Rohrende und das schwere Isotop am unteren Rohrende angereichert.

Das CLUSIUSsche Trennungsverfahren, das aus einem unscheinbaren absonderlichen experimentellen Befunde hochgezüchtet wurde, beschränkt sich nicht auf Gase, sondern kann auch bei entsprechenden Anordnungen für Flüssigkeiten[2]) Anwendung finden.

---

[1] CLUSIUS, K. u. G. DICKEL: Das Trennrohr. Z. phys. Chem. Abt. B **44**, 397 (1939).
[2] HIBY, J. W. u. K. WIRTZ: Untersuchungen zum CLUSIUSschen Trennungsverfahren in Flüssigkeiten. Phys. Z. **41**, 77 (1940).

Ein sehr aussichtsreiches Verfahren für die Gewinnung angereicherter Isotope zum Zwecke der Indikatorenmethode ist die *Isotopentrennung mit der Ultrazentrifuge*[1]. Dieses Verfahren beruht auf der Tatsache, daß infolge der Zentrifugalkraft das Mischungsverhältnis zweier gasförmiger Komponenten an der Peripherie etwas mehr zugunsten des schweren Isotops und an der Achse zugunsten des leichten Isotops sich einstellt. Während bei den meisten anderen Verfahren der Trennfaktor von irgendeiner Potenz des Massen*verhältnisses* abhängt, also mit steigender Massenzahl der zu trennenden Isotope rasch kleiner wird, hängt der Trennfaktor bei der Ultrazentrifuge von der Massen*differenz* der beiden Komponenten ab. Diese Tatsache ist für die Beurteilung der Aussichten dieses Verfahrens von grundsätzlicher Bedeutung. Ihr ist es zu verdanken, daß das Trennungsverfahren mit Ultrazentrifuge für die leichten und schweren Elemente gleich wirksam ist und zwar unabhängig davon, ob das Element in reiner Form oder in einer komplizierten organischen oder anorganischen Verbindung hohen Atomgewichtes vorliegt. Die Durchrechnung dieses Verfahrens lehrt, daß bei gegebener Umfangsgeschwindigkeit der Zentrifuge und gegebener Massendifferenz der Trennfaktor um so größer wird, je kleinere Versuchstemperaturen im Rotor eingestellt werden können[2]. Die absolute Größe des Trennfaktors liegt so, daß erst durch häufige Wiederholung des Anreicherungsprozesses wesentliche Anreicherungsfaktoren zu erhalten sind.

Ein weiterer recht aussichtsreicher und entwicklungsfähiger Weg ist die *Isotopentrennung nach der massenspektrographischen Methode*. Das Prinzip dieses Verfahrens ist bereits früher bei der Besprechung des Massenspektrometers angedeutet worden. Der Trennfaktor läßt sich bei ihm auch im Bereich der höchsten Massenzahlen leicht sehr groß halten, so daß ein einziger Trennprozeß zur Anreicherung des seltenen Isotops genügt. Ebenso wie bei der elektrolytischen Abscheidung ist bei dem Massenspektrographen zum Transport von 1 Mol bei Verwendung einfach geladener Ionen eine Ladungsmenge von 26,8 Ampère-Stunden notwendig. Da es sich hierbei um den Gesamtstrom handelt, wird die vom seltenen Isotop abgeschiedene Substanzmenge durch Multiplikation des genannten Wertes mit einem Faktor erhalten, der im günstigsten Falle die Größe der relativen Häufigkeit H_0 hat. Aus diesen Zahlenwerten geht hervor, daß zur Gewinnung wesentlicher Mengen von seltenen Isotopen massenspektrographische Anlagen mit sehr hohen Ionenströmen notwendig sind.

III. Die verschiedenen Arten von Verlusten bei der Anwendung der Methode.

Damit bei einer Häufigkeitsmeßeinrichtung gegebener Leistungsfähigkeit und festgelegter Meßgenauigkeit die Methode rationell, d. h. mit möglichst geringem Aufwand zur Isotopentrennung, durchgeführt werden kann, müssen die Verluste soweit wie möglich herabgesetzt werden. Hierzu muß man die verschiedenen Verlustquellen genau kennen. Bei der Markierung mit stabilen Isotopen ist zwischen *zwei Verlustarten*, die auch gleichzeitig nebeneinander eintreten können, grundsätzlich zu unterscheiden. Wie im Abschnitt V noch näher gezeigt werden wird, haben diese beiden Verlustarten in bezug auf den Isotopentrennaufwand sehr verschiedene Konsequenzen. Zunächst treten ebenso wie bei der Markierung mit radioaktiven Isotopen Verluste dann ein, wenn die markierte Substanz sich

---

[1] SVEDBERG, T. u. K. O. PEDERSEN: Die Ultrazentrifuge. Dresden: Theodor Steinkopff 1940.
[2] Vgl. J. W. BEAMS and C. SKARSTROM: The Concentration of Isotopes by the Evaporative Centrifuge Method. Phys. Rev. **56**, 266 (1939).

verzweigt und schließlich nur ein kleiner Anteil für die eigentliche Messung zur Verfügung steht. Diese *Verluste durch Gewichtsminderung* (V_1) sind durch das Schema Fig. 26A charakterisiert. Daneben sind noch weitere in Fig. 26B angedeutete *Verluste durch Häufigkeitsminderung* (V_2) gegeben, wenn durch Hinzufügung von Substanz mit natürlicher relativer Häufigkeit die Anreicherung des seltenen Isotops zum Teil wieder aufgehoben wird. Bemerkenswert ist hierbei, daß mit der Häufigkeitsminderung immer eine entsprechende Gewichtszunahme verbunden ist. Bei gleichzeitigen Verlusten durch Verzweigung und Verdünnung gilt das Schema Fig. 26C. Die nach Eintreten beider Verlustarten resultierende Substanzmenge G_2 wird durch Multiplikation mit dem Verhältnis V_1/V_2 aus der Anfangsmenge G_1 erhalten. Die resultierende Konzentration (H_2-H_0) ergibt sich

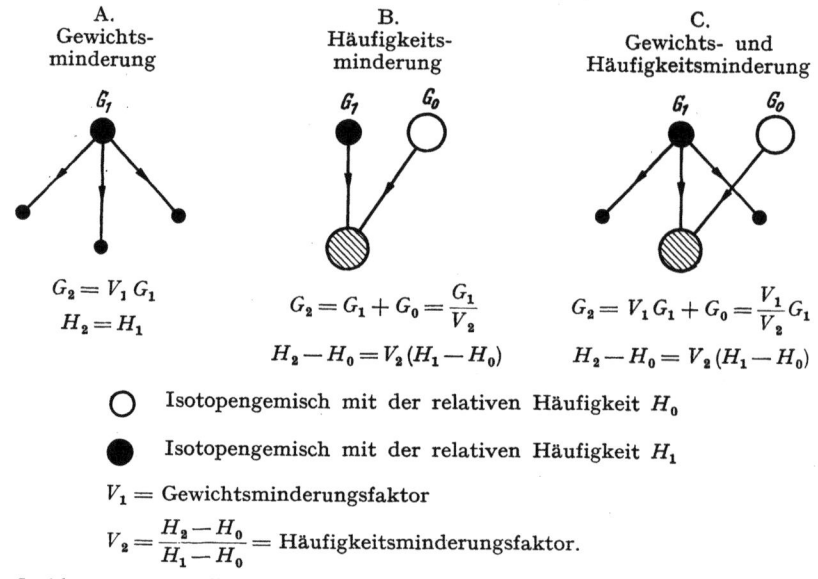

Fig. 26. Gewichtsminderung und Häufigkeitsminderung als Verlustquellen bei der Markierung mit stabilen Isotopen.

dagegen aus der Anfangskonzentration (H_1-H_0) durch Multiplikation allein mit V_2. Bei Hintereinanderschaltung mehrerer Prozesse mit Verlusten setzen sich V_1 und V_2 aus dem Produkt der Faktoren jedes einzelnen Prozesses zusammen.

Die verschiedenen Arten von Verlusten bei der praktischen Durchführung der Markierungsmethode sind in Fig. 27 dargestellt. Zwischen der Ausgangssubstanz mit dem Gewicht G_1 und der durch Isotopentrennung erhöhten Häufigkeit H_1 und der Endsubstanz liegen in diesem Beispiel vier verschiedene mit Verlusten behaftete Prozesse. Ein Gewichtsverlust und ein Häufigkeitsverlust ist fast stets in dem ersten Prozeß gegeben, in dem mit Hilfe der Ausgangssubstanz die markierten Moleküle hergestellt werden. Solange die Molekülbildung durch genau definierte und bekannte chemische Prozesse vorgenommen wird, dürfte sich die Gestaltung der beiden Verlustfaktoren V_1 und V_2 quantitativ überblicken lassen. Unübersichtlicher gestalten sich die Verhältnisse, wenn die Bildung des markierten Moleküls auf biologischem Wege erfolgt, wie z. B. die Gewinnung von markiertem Cholesterin aus einem Hühnerei nach vorausgegangenem Einspritzen von markiertem Glykokoll in das Ei. Hier werden zunächst nur sehr rohe Abschätzungen unter Berücksichtigung der beteiligten Volumina und Fremdsubstanzen möglich sein. Durch den zweiten Prozeß, der die Aufgabe hat, das gewünschte markierte Molekül möglichst rein abzutrennen, tritt ausschließlich ein Gewichtsverlust ein. Beide Verlustarten können bei dem dritten Prozeß gegeben sein, bei dem das markierte Molekül eventuell unter Mitwirkung von nicht markierter Elementsubstanz verarbeitet oder umgewandelt wird. Der vierte Prozeß, der der Abtrennung des ursprünglichen oder des umgewandelten Moleküls aus dem Objekt dient, hat wieder nur einen Gewichtsverlust zu berücksichtigen.

Erfolgt die Molekülbildung im ersten Prozeß des Beispieles auf biologischem Wege, so ist zur Kleinhaltung der Verluste das Gewicht des benutzten biologischen

	Gewichtsminderung	Häufigkeitsminderung
Ausgangssubstanz G_1, H_1		
Prozeß a (Molekülbildung)	↓ V_{1a}	↓ V_{2a}
Prozeß b (Molekülabtrennung)	↓ V_{1b}	
Prozeß c (Verteilung im Objekt)	↓ V_{1c}	↓ V_{2c}
Prozeß d (Molekülabtrennung aus Objekt)	↓ V_{1d}	
Endsubstanz G_2, H_2		
$\left(G_2 = \dfrac{V_1}{V_2} G_1, \quad H_2 - H_0 = V_2(H_1 - H_0)\right)$		
Gesamtverlustfaktoren:	$V_1 = V_{1a} \cdot V_{1b} \cdots V_{1d}$	$V_2 = V_{2a} \cdot V_{2c}$

Fig. 27. Die verschiedenen Arten von Verlusten bei der praktischen Durchführung der Markierungsmethode.

Systems dem Gewicht der Ausgangssubstanz soweit anzupassen, als der biologische Prozeß dies gestattet. Damit die Verluste beim dritten Prozeß des Beispieles (Verteilung im Objekt) klein bleiben, empfiehlt es sich, die Untersuchungen stets an relativ kleinen Objekten vorzunehmen, falls dies nicht im Widerspruch zur gestellten Forschungsaufgabe steht. Die Verluste beim zweiten und vierten Prozeß des Beispiels dürften sich durch geschickte Führung des chemischen Abtrennprozesses meist klein halten lassen.

Nicht nur als Verlustquelle, sondern auch als Fehlerquelle des Verfahrens mit stabilen Isotopen ist der unkontrollierte Austausch lose gebundener markierter Elemente beim Durchlaufen der verschiedenen Reaktionen zu nennen. Auf die Bedeutung solcher Austauschvorgänge, deren Wahrscheinlichkeit von Fall zu Fall abzuwägen und zu studieren ist, wurde schon früher hingewiesen.

IV. Zusammenstellung der stabilen Isotope der Elemente für die Auswahl der jeweils geeigneten Isotope.

Zur *Auswahl des für das Markierungsverfahren mit stabilen Indikatoren jeweils günstigsten Isotops* ist die Tabelle III wiedergegeben[1]. In der ersten Spalte steht die Ordnungszahl Z (Stellung im Periodischen System), in der zweiten Spalte die übliche Bezeichnung des Elements und in der dritten Spalte die Massenzahl A (auf ganze Zahlen abgerundetes Atomgewicht). Die relativen Häufigkeiten der einzelnen Isotope finden sich in der letzten Spalte. Nur bei den 21 nicht aus mehreren Isotopen zusammengesetzten Elementen (Be, F, Na, Al, P, Sc, V, Mn, As, Y, Cb, J, Cs, La, Pr, Tb, Ho, Tm, Ta, Au, Th) ist diese Markierungsmethode undurchführbar. Von den übrigen Elementen stehen mindestens zwei Isotope mit meist stark verschiedener relativer Häufigkeit zur Verfügung.

---

[1] s. nächste Seite.

Tabelle III. **Zusammenstellung der stabilen Isotope der Elemente für die Auswahl der jeweils geeigneten Isotope**[1].

Ordnungszahl Z	Element	Massenzahl A	Relative Häufigkeit in %	Ordnungszahl Z	Element	Massenzahl A	Relative Häufigkeit in %
1	H	1	99,98	21	Sc	45	100
		2	0,02	22	Ti	46	7,95
2	He	3	$\sim 10^{-5}$			47	7,75
		4	100			48	73,45
3	Li	6	7,9			49	5,51
		7	92,1			50	5,34
4	Be	9	100	23	V	51	100
5	B	10	18,4	24	Cr	50	4,49
		11	81,6			52	83,77
6	C	12	98,9			53	9,43
		13	1,1			54	2,30
7	N	14	99,62	25	Mn	55	100
		15	0,38	26	Fe	54	6,04
8	O	16	99,76			56	91,57
		17	0,04			57	2,11
		18	0,20			58	0,28
9	F	19	100	27	Co	57	0,17
10	Ne	20	90,00			59	99,83
		21	0,27	28	Ni	58	68,0
		22	9,73			60	27,2
11	Na	23	100			61	0,1
12	Mg	24	77,4			62	3,8
		25	11,5			64	0,9
		26	11,1	29	Cn	63	68
13	Al	27	100			65	32
14	Li	28	89,6	30	Zn	64	50,9
		29	6,2			66	27,3
		30	4,2			67	3,9
15	P	31	100			68	17,4
16	S	32	95,0			70	0,5
		33	0,74	31	Ga	69	61,2
		34	4,2			71	38,8
		36	0,016	32	Ge	70	21,2
17	Cl	35	75,4			72	27,3
		37	24,6			73	7,9
18	Ar	36	0,307			74	37,1
		38	0,061			76	6,5
		40	99,632	33	As	75	100
19	K	39	93,3	34	Se	74	0,9
		40	0,012			76	9,5
		41	6,7			77	8,3
20	Ca	40	96,96			78	24,0
		42	0,64			80	48,0
		43	0,15			82	9,3
		44	2,06	35	Br	79	50,6
		46	0,0033			81	49,4
		48	0,19				

[1] Entnommen aus J. J. LIVINGOOD and G. T. SEABORG: A Table of induced radio-activities. Rev. of modern phys. **12**, 30 (1940).

Zusammenstellung der stabilen Isotope der Elemente.

Ordnungs-zahl Z	Element	Massenzahl A	Relative Häufigkeit in %	Ordnungs-zahl Z	Element	Massenzahl A	Relative Häufigkeit in %
36	Kr	78	0,35	49	In	113	4,5
		80	2,01			115	95,5
		82	11,53	50	Sn	112	1,1
		83	11,53			114	0,8
		84	57,10			115	0,4
		86	17,47			116	15,5
37	Rb	85	72,3			117	9,1
		87	27,7			118	22,5
38	Sr	84	0,56			119	9,8
		86	9,86			120	28,5
		87	7,02			122	5,5
		88	82,56			124	6,8
39	Y	89	100	51	Sb	121	56
40	Zr	90	48			123	44
		91	11,5	52	Te	120	< 0,1
		92	22			122	2,9
		94	17			123	1,6
		96	1,5			124	4,5
41	Cb	93	100			125	6,0
42	Mo	92	15,5			126	19,0
		94	8,7			128	32,8
		95	16,3			130	33,1
		96	16,8	53	I	127	100
		97	8,7	54	Xe	124	0,094
		98	25,4			126	0,088
		100	8,6			128	1,90
44	Ru	96	5			129	26,23
		98	?			130	4,07
		99	12			131	21,17
		100	14			132	26,96
		101	22			134	10,54
		102	30			136	8,95
		104	17	55	Cs	133	100
45	Rh	101	0,08	56	Ba	130	0,101
		103	99,92			132	0,097
46	Pd	102	0,8			134	2,42
		104	9,3			135	6,59
		105	22,6			136	7,81
		106	27,2			137	11,32
		108	26,8			138	71,66
		110	13,5	57	La	139	100
47	Ag	107	52,5	58	Ce	136	< 1
		109	47,5			138	< 1
48	Cd	106	1,4			140	90
		108	1,0			142	10
		110	12,8	59	Pr	141	100
		111	13,0	60	Nd	142	25,95
		112	24,2			143	13,0
		113	12,3			144	22,6
		114	28,0			145	9,2
		116	7,3				

Das Indikator-Verfahren mit stabilen Isotopen.

Ordnungszahl Z	Element	Massenzahl A	Relative Häufigkeit in %	Ordnungszahl Z	Element	Massenzahl A	Relative Häufigkeit in %
60	Nd	146	16,5			177	19
		148	6,8			178	28
		150	5,95			179	18
62	Sm	144	3			180	30
		147	17	73	Ta	181	100
		148	14	74	W	180	~0,2
		149	15			182	22,6
		150	5			183	17,3
		152	26			184	30,1
		154	20			186	29,8
63	En	151	49,1	75	Re	185	38,2
		153	50,9			187	61,8
64	Gd	152	0,2	76	Os	184	0,018
		154	1,5			186	1,59
		155	20,7			187	1,64
		156	22,6			188	13,3
		157	16,7			189	16,1
		158	22,6			190	26,4
		160	15,7			192	41,0
65	Tb	159	100	77	Ir	191	38,5
66	Dy	158	0,1			193	61,5
		160	1,5	78	Pt	192	0,8
		161	21,6			194	30,2
		162	24,6			195	35,3
		163	24,6			196	26,6
		164	27,6			198	7,2
67	Ho	165	100	79	Au	197	100
68	Er	162	0,25	80	Hg	196	0,15
		164	2,0			198	10,1
		166	35,2			199	17,0
		167	23,5			200	23,3
		168	29,3			201	13,2
		170	9,8			202	29,6
69	Tm	169	100			204	6,7
70	Yb	168	0,06	81	Tl	203	29,1
		170	2			205	70,9
		171	8,8	82	Pb	204	1,48
		172	23,5			206	23,59
		173	16,7			207	22,64
		174	37,2			208	52,29
		176	11,8	83	Bi	209	100
71	Lu	175	97,5	90	Th	232	100
		176	2,5	91	Pa	231	—
72	Hf	172	<0,1	92	U	234	0,006
		174	0,3			235	0,71
		176	5			238	99,28

Bei *Elementen mit mehr als zwei Isotopen* genügt es, an Stelle der relativen Häufigkeiten das gegenseitige Mischungsverhältnis zweier Isotope einzuführen, wenn mit einer Trennanordnung von entsprechend hohem Auflösungsvermögen nur ein einzelnes Isotop angereichert wird. In diesem Fall bleibt das Mischungsverhältnis der relativen Häufigkeit proportional. Werden mehrere seltene Isotope gleichzeitig angereichert, so muß die relative Häufigkeit stets durch Messung des gegenseitigen Mischungsverhältnisses aller Isotope ermittelt werden. In solchem Falle sind also entsprechend mehr Messungen notwendig.

Bei der Auswahl des Isotops wird stets dasjenige zu bevorzugen sein, bei dem durch das Isotopentrennverfahren möglichst große Werte von G_1 und $(H_1 - H_0)$ erzielbar sind. Der Zusammenhang zwischen den Zahlenwerten dieser Größen, den Eigenschaften der Meßanordnung, der Meßgenauigkeit und den Verlusten bei der Durchführung des Meßprozesses wird im folgenden Abschnitt geklärt werden.

V. Abschätzung des zur Markierung benötigten Aufwandes.

Betrachten wir den allgemeinen Prozeß, bei dem aus der angereicherten Ausgangssubstanz, charakterisiert durch G_1, H_1, infolge der stattfindenden Verluste (Gewichtsminderungsfaktor V_1 und Häufigkeitsminderungsfaktor V_2) die Endsubstanz mit den Werten G_2 und H_2 hergestellt wird, so gelten gemäß Fig. 22, 26 und 27 die Beziehungen

$$G_2 = \frac{V_1}{V_2} \cdot G_1 \quad \text{und} \quad H_2 - H_0 = V_2(H_1 - H_0)$$

Verlangt man jetzt, daß das Gewicht G_2 der Substanzmenge am Ende des Prozesses gerade den kleinsten für die Häufigkeitsmessung benötigten Wert G_{min} erreicht und verdünnt man andererseits die Ausgangssubstanz so weit, daß die Konzentration $H_2 - H_0 = \Delta H/\delta$ wird, so ergeben sich folgende Grundgleichungen:

$$H_1 - H_0 = \frac{1}{V_2} \cdot \frac{\Delta H}{\delta} \qquad (6)$$

und

$$G_1 = \frac{V_2}{V_1} \cdot G_{min}. \qquad (7)$$

Aus Gleichung (6) berechnet sich für einen durch die Prozeßkette festgelegten Häufigkeitsverlustfaktor V_2, für gegebenen absoluten Meßfehler ΔH der Häufigkeitsmeßanordnung und verlangten relativen Meßfehler δ *die durch das Trennverfahren herbeizuführende Anreicherung des seltenen Isotops*. Ist die so berechnete Anreicherung praktisch nicht realisierbar, so muß im einzelnen Falle geprüft werden, ob durch Verzicht auf Meßgenauigkeit oder Steigerung der Meßempfindlichkeit doch noch die Markierungsmethode befriedigend eingesetzt werden kann.

Die durch das Trennverfahren zu liefernde Gewichtsmenge mit der berechneten Häufigkeitserhöhung $H_1 - H_0$ ist gemäß Gleichung (7) mit G_{min}, V_2 und dem Gewichtsminderungsfaktor V_1 des Prozesses verknüpft.

Für ein *Beispiel* sei mit Hilfe der Grundgleichungen (6) und (7) ausgerechnet, welche Verlustfaktoren bei gegebenem Trennaufwand, gegebener Meßempfindlichkeit und gegebener Meßgenauigkeit bestehen dürfen. Das benutzte Trennverfahren möge $G_1 = 0,1$ g mit der Konzentration $H_1 - H_0 = 0,5$, wie unter anderem bei dem Isotop $^{15}_{7}N$ praktisch erreicht, zur Verfügung stellen. Für die Messung mit einem Massenspektrometer sei $\Delta H = 10^{-4}$, $G_{min} = 10^{-4}$ g und $\delta = 10\%$ angenommen. Dann darf der Häufigkeitsverlustfaktor den Wert $V_2 = 2 \cdot 10^{-3}$ und der Gewichtsverlustfaktor den Wert $V_1 = 2 \cdot 10^{-6}$ annehmen. Die Größe der hier für die Bedingungen der Praxis berechneten Verlustfaktoren läßt erkennen, daß auch die *Markierungsmethode mit stabilen Isotopen überraschend hohe Verluste in den zu untersuchenden Prozessen erlaubt.*

D. Literaturverzeichnis.
I. Zur Methode mit radioaktiven Isotopen.

AMALDI, E., L. R. HAFSTAD and M. A. TUVE: Neutron Yields from Artificial Sources. Phys. Rev. 51, 896 (1937).

ARDENNE, M. v.: Über eine Atomumwandlungsanlage für Spannungen bis zu 1 Million Volt. Z. Phys. 121, 236 (1943).

— u. F. BERNHARD: Ein kernphysikalisches Verfahren zur Bestimmung geringer Kohlenstoffzusätze in Eisen. Z. Phys. (im Druck) (1944).

BAY, Z.: Elektronen-Vervielfacher als Elektronenzähler. Z. Phys. 117, 227 (1941).

BORRIES, B. v.: Über die Intensitätsverhältnisse am Übermikroskop I. Phys. Z. 43, 90 (1942).

DÖPEL, R. u. K.: Die Unterschreitung der spektralanalytischen Nachweisbarkeitsgrenze eines Spuren-Elementes durch die Analyse der kernphysikalischen Emissionen. Phys. Z. 12, 261 (1943).

DIEBNER, K. u. E. GRASSMANN: Künstliche Radioaktivität. Leipzig: S. Hirzel 1939.

— W. HERMANN u. E. GRASSMANN: Absorption und Streuungen von Neutronen. Phys. Z. 43, 440 (1942).

ERBACHER, O.: Radiographien durch künstliche Elektronenstrahler bei biologischen Untersuchungen. Z. angew. Photogr. 1, 141 (1939).

— Gewinnung des künstlich radioaktiven Phosphors $^{32}_{15}$P in unwägbarer Menge aus Schwefelkohlenstoff. Z. phys. Chem. Abt. B 42, 173 (1939).

— u. K. PHILIPP: Trennung der radioaktiven Atome von den isotopen stabilen Atomen. Z. phys. Chem. Abt. A 176, 169 (1936).

— — Die Identifizierung der durch Neutronen erzeugten künstlichen Radioelemente und ihre Verwendung in der Chemie als Indikatoren. Z. angew. Chem. 48, 409 (1935).

FLAMMERSFELD, A., P. JENSEN u. W. GENTNER: Die Aufteilungsverhältnisse und Energietönungen bei der Uranspaltung. Z. Phys. 120, 450 (1942).

GEIGER, H.: Negative und positive Strahlen. Handbuch der Physik. Berlin: Springer 1933.

HAHN, O.: Applied radiochemistry. London 1936.

— Künstliche Atomumwandlungen und die Spaltung schwerer Kerne. Jena. Z. Med. u. Naturw. 76, 36 (1942).

—, F. STRASSMANN u. H. GÖTTE: Einiges über die experimentelle Entwirrung der bei der Spaltung des Urans auftretenden Elemente und Atomarten. Abh. preuß. Akad. Wiss., Mathem. Naturw. Kl. 3 (1942).

HAMILTON, I. G.: The applications of Radioactive Tracers to Biology and Medicine. J. of applied Physics 12, 440 (1941).

HANLE, W.: Künstliche Radioaktivität. Jena: G. Fischer 1939.

HAXEL, O. u. H. VOLZ: Über die Absorption von Neutronen in wässerigen Lösungen. Z. Phys. 120, 493 (1942).

HEVESY, G. v.: Application of radioactive indicators in biology. Ann. Rev. Biochem. 9, 641 (1940) und die dort angegebene ältere Literatur.

JENTSCHKE, W. u. F. PRANKL: Energien und Massen der Urankernbruchstücke bei Bestrahlung mit vorwiegend thermischen Neutronen. Z. Phys. 119, 696 (1942).

LAWRENCE, E. O. and D. COOKSEY: On the apparatus for the multiple acceleration of light Ions to high speeds. Phys. Rev. 50, 1131 (1936) und die dort angegebene ältere Literatur.

LIVINGOOD, J. J. and O. T. SEABORG: A table of induced radioactivities. Rev. mod. Phys. 12, 30 (1940).

LIVONSTON, M. S. and H. A. BETHE: Nuclear Dynamics, Experim. Rev. mod. Phys. 9, 245 (1937).

MATTAUCH, J. u. S. FLÜGGE: Kernphysikalische Tabellen. Berlin: Springer 1942.

PANETH, F. A.: Radioelements as indicators. New York 1928.

REHBEIN, F.: Verstärker und Netzgeräte für den Betrieb mit Zählrohren. Chem. Techn. 15, 29 (1942).

RIEZLER, W.: Tabellen und Tafeln zur Kernphysik. Bibliographisches Institut. Leipzig 1942.

SEABORG, O. T.: Artificial radioactivity. Chem. Rev. 27, 219 (1940).

SZILARD, L. and T. A. CHALMERS: Chemical separation of the radioactive Element from its bombarded Isotope in the Fermi Effect. Nature, Lond. 134, 462 (1934).

TURNER, L. A.: Nuclear Fission. Rev. mod. Phys. 12, 2 (1940).

WOLF, P. M. u. H. J. BORN: Darstellung und Anwendungen künstlich radioaktiver Stoffe. Chemiker-Ztg 65, 405 (1941).

II. Zur Methode mit stabilen Isotopen.

BARBOUR, H. G. and W. F. HAMILTON: The falling drop method for the determining specific gravity. J. of biol. Chem. **69**, 625 (1926).
BEAMS, S. W. u. C. SKARSTROM: The concentration of Isotopes by the evaporative centrifuge method. Phys. Rev. **56**, 266 (1939).
BRAMLEY, A. and A. K. BREWER: A thermal method for the separation of isotopes. J. chem. Phys. **7**, 553 (1939).
BRÜCHE, E. u. A. RECKNAGEL: Elektronengeräte. Berlin: Springer 1941.
CAPRON, P., J. M. DELFOSSE, M. D. HEMPTINNE and H. S. TAYLOR: The separation of the carbon isotopes by diffusion. J. chem. Phys. **6**, 656 (1938).
CLUSIUS, K. u. O. DICKEL: Das Trennrohr. Z. phys. Chem. Abt. B **44**, 397 (1939).
— — u. E. BECHER: Reindarstellung des schweren Sauerstoffisotops 18 O_2 und des Stickstoffs 14 N 15 N. Naturwiss. **31**, 210 (1943).
CRIST, R. H., G. M. MURPHY and H. C. UREY: The isotopic analysis of water. J. Amer. chem. Soc. **55**, 5060 (1933).
— — — The use of the interferometer in the isotopic analysis of water. J. chem. Phys. **2**, 112 (1934).
DAY, N. E. and P. SHEEL: Oxygen isotopic exchange in animal respiration. Nature, Lond. **142**, 917 (1938).
ERLENMEYER, H.: Herstellung der schweren Wasserstoffverbindungen. Z. Elektrochem. **44**, 8 (1938).
GRAFF, S., D. RITTENBERG and O. L. FORSTER: The glutamic acid of malignant tumors. J. of biol. Chem. **133**, 745 (1940).
HEIL, H.: Über eine neue Ionenquelle. Z. Phys. **120**, 212 (1943).
HIBY, J. W. u. K. WIRTZ: Untersuchungen zum CLUSIUSschen Trennverfahren in Flüssigkeiten. Phys. Z. **41**, 77 (1940).
HOUTERMANS, F. G.: Über den Energieverbrauch bei der Isotopentrennung. Ann. Phys., Lpz. V, **40**, 493 (1941).
LEWIS, G. N.: The isotopes of hydrogen. J. Amer. chem. Soc. **55**, 1297 (1933).
— and R. T. MACDONALD: Concentration of H^2 isotope. J. chem. Phys. **1**, 341 (1933).
LIVINGOOD, J. J. and O. T. SEABORG: A table of induced radioaktivities. Rev. mod. Phys. **12**, 30 (1940).
LOOFBOUROW, J. R.: Borderland problems in Biology and Physics. Rev. mod. Phys. **12**, 270 (1940).
NIER, A. O.: A mass spectrometer for Routine Isotope abundance measurements. The Rev. Scientific Instruments **11**, 212 (1940).
RITTENBERG, D. and O. L. FOSTER: A new procedure for quantitative analysis by isotope dilution, with application to the determination of aminoacids and fally acids. J. of biol. Chem. **133**, 737 (1940).
SCHOENHEIMER, R. and D. RITTENBERG: The application of isotopes to the study of intermediary metabolism. Science, New York **87**, 221 (1938).
SVEDBERG, T. u. K. O. PEDERSEN: Die Ultrazentrifuge. Dresden: Theodor Steinkopff 1940.
TAYLOR, H. S.: New prospects in isotope separation. Nature, Lond. **144**, 8 (1939).
— and P. W. SELWOOD: Some properties of heavy water. J. Amer. chem. Soc. **56**, 998 (1934).
THODE, H. G., J. E. GORHAM and H. C. UREY: The concentration of N^{15} and S^{34}. J. chem. Phys. **6**, 296 (1938).
— and H. C. UREY: The further concentration of N^{15}. J. chem. Phys. **7**, 34 (1939).
TRONSTAD, L., J. NORDHAGEN and S. BRUN: Density of 100 per cent heavy water. Nature, Lond. **136**, 515 (1935).
UREY, H. C., A. H. W. ATEN jr. and A. S. KESTON: A concentration of the carbon isotope. J. chem. Phys. **4**, 622 (1936).
— F. G. BRICKWEDDE and G. M. MURPHY: A hydrogen isotope of mass 2. Phys. Rev. **39**, 164 (1931).
— — — A hydrogen isotope of mass 2 and its concentration. Phys. Rev. **40**, 1 (1932).
— M. FOX, J. R. HUFFMAN and H. G. THODE: A concentration of N^{15} by a chemical exchange reaction. J. Amer. chem. Soc. **59**, 1407 (1937).
— G. B. PEGRAM and J. R. HUFFMAN: The concentration of the oxygen isotopes. J. chem. Phys. **4**, 623 (1936).
— and G. K. TEAL: The hydrogen isotope of atomic weight Two. Rev. mod. Phys. **7**, 34 (1935).
WALCHER, W.: Isotopentrennung. Ergebn. exakt. Naturw. Berlin: Springer-Verlag **18**, 155 (1939).
WATSON, W. W.: Concentration of heavy carbon by thermal diffusion. Phys. Rev. **56**, 703 (1939).

III. Zur Anwendung der Methode mit radioaktiven Isotopen.

ALBER, H. K.: Synthesis of organic compounds containing radioactive sulfur. J. Franklin Inst. **228**, 177 (1939).
ANDERSON, E. and M. JOSEPH: Electrolyte excretion studies in rats maintained on low-Na and low-K diets. Proc. Soc. exper. Biol. a. Med. **40**, 344 (1939).
— — Urinary excretion of radioactive Na and K in adrenalectomized rats, with and without salt. Proc. Soc. exper. Biol. a. Med. **42**, 782 (1939).
— — and V. HERRING: Changes in excretion of radioactive Na, K and in carbohydrate stores twentyfour hours following adrenalectomy. Proc. Soc. exper. Biol. a. Med. **42**, 782 (1939).
ARDENNE, M. v. u. F. BERNHARD: Ein kernphysikalisches Verfahren zur Bestimmung geringer Kohlenstoffzusätze in Eisen. Z. Phys. **122**, 740 (1944).
ARTOM, C. A., G. SARAZANA, C. PERRIER, M. SANTANGELO and E. SEGRÈ: Rate of ,,organification" of phosphorus in animal tissues. Nature, Lond. **139**, 836 (1937).
— — — — Synthèse des phospholipides au cours de l'absorption des graisses. Arch. internat. Physiol. **45**, 32 (1937).
— — et E. SEGRÈ: Influence des graisses alimentaires sur la formation des phospholipides dans les tissus animaux (nouvelles recherches). Arch. internat. physiol. **47**, 245 (1938).
ATEN, A. H. W., JR. and G. v. HEVESY: Diffusion of phosphate ions into blood corpuscles. Nature, Lond. **142**, 871 (1938).
BORN, H. J., A. LANG, G. SCHRAMM u. K. G. ZIMMER: Versuche zur Markierung von Tabakmosaikvirus mit Radiophosphor. Naturwiss. **29**, 222 (1941).
— — — Markierung von Tabakmosaikvirus mit Radiophosphor. Arch. ges. Virusforsch. **2**, 461 (1943).
— u. H. TIMOFEEFF-RESSOVSKY: Versuche mit radioaktivem Arsen an Mäusen. Naturwiss. **29**, 182 (1941).
— — Versuche mit radioaktivem Chlor-Isotop an Mäusen. Naturwiss. **28**, 253 (1940).
— — u. P. M. WOLF: Versuche über die Verteilung des Mangans im tierischen Organismus mit $^{56}_{25}$Mn als Indikator. Naturwiss. **31**, 246 (1943).
— — u. K. G. ZIMMER: Anwendungen der Neutronen und der künstlich radioaktiven Stoffe in Chemie und Biologie. Umsch. **6**, 2 (1941).
— — — Biologische Anwendungen des Zählrohres. Naturwiss. **30**, 600 (1942).
— u. K. G. ZIMMER: Untersuchungen an Schwebstoff-Filtern. Die Gasmaske **1940**, Nr 2, 1.
— — Anwendung radioaktiver Isotope bei Untersuchungen über die Filtration von Aerosolen. Naturwiss. **28**, 447 (1940).
BORSOOK, H., G. KEIGHLEY, D. M. YOST and E. MCMILLAN: The urinary excretion of ingested radioactive sulfur. Science, New York **86**, 525 (1937).
BROOKS, S. C.: Selective accumulationwith reference to ion exchange by the protoplasm. Faraday Soc. **33**, 1002 (1937).
— Penetration of radioactive ions, their accumulation by protoplasm of living cells (Nitella coronata). Proc. Soc. exper. Biol. a. Med. **38**, 856 (1938).
— Intake and loss of radioactive eations by certain marine eggs. Proc. Soc. exper. Biol. a. Med. **42**, 557 (1939).
BREWER, A. K. and A. BRAMLEY: J. Appl. Phys. **9**, 778 (1938).
BULLIARD, H., I. GRUNDLAND et A. MOUSSA: Detection du phosphor des phosphatides surrénaliens par le radio-phosphore. C. R. Acad. Sci., Paris **207**, 745 (1938).
— — — Sur l'activité d'échange Phosphore-radio-phosphore pour les phosphatides du cytoplasme. C. R. Acad. Sci., Paris **208**, 843 (1939).
CHAGRAFF, E.: Unstable Isotopes. I. The determination of radioactive isotopes in organic material. J. of biol. Chem. **128**, 579 (1939).
— and A. S. KESTON: The metabolism of aminoethylphosphoric acid, followed by means of the radioactive phosphorus isotope. J. of biol. Chem. **134**, 515 (1940).
— K. B. OLSEN and P. F. PARTINGTON: The formation of phosphatides in the organism under normal and pathological Conditions. J. of biol. Chem. **134**, 505 (1940).
CHANGUS, G. W., I. L. CHAIKOFF and S. RUBEN: Radioactive phosphorus as an indicator of phospholipid metabolism. IV. The phospholipid metabolism of the brain. J. of biol. Chem. **126**, 493 (1938).
CHANNON, H. J.: Fat metabolism. Ann. Rev. Biochem. **9**, 231 (1940).
CHRISTIANSEN, I. A., G. v. HEVESY et Sv. LOMHOLT: Recherches, par une méthode radiochimique, sur la circulation du bismuth dans l'organisme. C. R. Acad. Sci., Paris **178**, 1325 (1924).
— — — Recherches, par une méthode radiochimique, sur la circulation du plomb dans l'organisme. C. R. Acad. Sci., Paris **179**, 291 (1924).

CHIEVITZ, O. and G. v. HEVESY: Radioactive indicators in the study of phosphorus metabolism in rats. Nature, Lond. **136**, 754 (1935).
— — Studies on the metabolism of phosphorus in animals. Kong. Danske Vidensk., Biol. Medd. **13**, No 8 (1937).
CITTMAR, D.: Über die Verteilung radioaktiver Substanzen im Körper von Tumormäusen nach Injektion von Thorium-B-haltigen Lösungen. Z. Krebsforsch. **48**, 121 (1938).
COHN, W. E. and E. T. COHN: Permeability of red corpuscles of the dog to sodium ion. Proc. Soc. exper. Biol. a. Med. **41**, 445 (1939).
— and D. M. GREENBERG: Studies in mineral metabolism with the aid of artificial radioactive isotopes. J. of biol. Chem. **123**, 185 (1938).
COOK, S. F., K. G. SCOTT and P. ABELSON: The deposition of radio phosphorus in tissues of growing chicks. Proc. nat. Acad. Sci. U.S.A. **23**, 528 (1937).
CRANE, H. R.: The use of radioactive elements as tracers in physiology. Phys. Rev. **56**, 1243 (1939).
DOLS, M. J., B. C. P. JANSEN, G. J. SIZOO and J. DE VRIES: Phosphorus metabolism in normal, rachitic and ,,treated" rats. Nature, Lond. **139**, 1068 (1937).
— — — and F. BARENDREGT: Formation of lipin phosphorus in normal and rachitic rats, with a radioactive phosphorus isotope as an indicator. Nature, Lond. **141**, 77 (1938).
— — — and G. J. VAN DER MAAS: Distribution of phosphorus in the leg bones of chickens. Nature, Lond. **142**, 953 (1938).
EHRENBERG, R. u. W. KROPATSCHECK: Radiometrische Mengenbestimmung der Körperflüssigkeiten. Klin. Wschr. **7**, 847 (1928).
ENTENMAN, C., S. RUBEN, I. PERLMAN, F. W. LORENZ and I. L. CHAIKOFF: Radioactive phosphorus as an indicator of phosphorlipid metabolism. VII. The conversion of phosphate to lipoid phosphorus by the tissues of the laying and non-laying bird. J. of biol. Chem. **124**, 795 (1938).
ERBACHER, O. u. K. PHILIPP: Die Identifizierung der durch Neutronen erzeugten künstlichen Radioelemente und ihre Verwendung in der Chemie der Indikatoren. Z. angew. Chem. **48**, 409 (1935).
FRANKLIN, R. G.: The measurement of radiations emitted by radioactive compounds. J. Franklin Inst. **227**, 724 (1939).
FRIEDMANN, E., A. K. SOLOMON and N. T. WERTHESSEN: Radioactive organic Bromocompounds. Nature, Lond. **143**, 472 (1939).
FRIES, B. A., G. W. CHANGUS and I. L. CHAIKOFF: Radioactive phosphorus as an indicator of phospholipid metabolism. IX. The influence of age on the phospholipid metabolism of various parts of the central nervous system of the rat. The comparative phospholipid activity of various parts of the central nervous system of the rat. J. of biol. Chem. **132**, 23 (1940).
— S. RUBEN, I. PERLMAN and I. L. CHAIKOFF: Radioactive phosphorus as an indicator of phospholipid metabolism. II. The role of the stomach, small intestine, and large intestine in phospholipid metabolisme in the presence and absence of ingested fat. J. of biol. Chem. **123**, 587 (1938).
GOUDSMIT, S.: Radioactivity in biological experiments. Science, New York **90**, 615 (1939).
GREENBERG, D. M.: Mineral metabolism. Calcium, Magnesium, and phosphorus. Ann. Rev. Biochem. **8**, 269 (1939).
— M. JOSEPH, H. E. COHN and E. V. TUFTS: Studies in the potassium metabolism of the animal body by means of its artificial radioactive isotope. Science, New York **87**, 438 (1938).
GRIFFITHS, J. H. E. and B. G. MAEGRAITH: Distribution of radioactive sodium after injection into the rabbit. Nature, Lond. **143**, 159 (1939).
GUSTAFSON, F. G. and M. DARKEN: Further evidence for the upward transport of minerals through the phloem of stems. Amer. J. Bot. **24**, 615 (1937).
HAHN, L. and G. v. HEVESY: Origin of yolk lecithin. Nature, Lond. **140**, 1059 (1939).
— — Interaction between the phosphatides of the plasma and the corpuscles. Nature, Lond. **144**, 72 (1939).
— — Phosphatide exchange between plasma and organs. Nature, Lond. **144**, 204 (1939).
— — and E. C. LUNDSGAARD: The circulation of phosphorus in the Body revealed by application of radioactive phosphorus as indicator. Biochemic. J. **31**, 1705 (1937).
— — and O. REBBE: Permeability of corpuscles and muscle cells to potassium ions. Nature, Lond. **143**, 1021 (1939).
— — — Coenzyme-linked reactions involving 1 (+) Glutamic dehydrogenase. Biochemic. J. **33**, 549 (1939).
— W. F. BALE, E. O. LAWRENCE and G. H. WHIPPLE: Radioactive iron and its metabolism in anemia. J. amer. med. Assoc. **111**, 2285 (1938).
— — — — Radioactive iron and its metabolism in anemia. J. of exper. Med. **69**, 739 (1939).

HAHN, L., W. F. BALE, R. H. HETTIG, M. D. KAMEN and G. H. WHIPPLE: Radioactive Iron and its excretion in urine, bile, and feces. J. of exper. Med. **70**, 443 (1939).

HAMILTON, J. G.: The rates of absorption of radio-sodium in normal human subjects. Proc. nat. Acad. Sci. U.S.A. **23**, 52 (1937).

— The rates of absorption of the radioactive isotopes of sodium, potassium, chlorine, bromine, and iodine in normal human subjects. Amer. J. Physiol. **124**, 667 (1938).

— The applications of radioactive Tracers to biology an medicine. J. App. Phys. **12**, 440 (1941).

— and R. S. STONE: Studies in protein metabolism. IX. The utilization of ammonia by normal rats on a stock diet. Radiology **28**, 176 (1937).

HAVEN, F. L. and W. F. BALE: The fate of phospholipid injected intravenously into the rat. J. of biol. Chem. **129**, 23 (1938).

HERTZ, S., A. ROBERTS and R. D. EVANS: Radioactive iodine as an indicator in the study of thyroid physiology. Proc. Soc. exper. Biol. a. Med. **38**, 510 (1938).

— —, J. H. MEANS and R. D. EVANS: Radioactive iodine as an indicator in thyroid physiology. Amer. J. Physiol. **128**, 568 (1940).

HEVESY, G. v.: The absorption and translocation of lead ba plants. A contribution to the application of the method of radioactive indicators in the investigation of the change of substance in plants. Biochemic. J. **17**, 439 (1923).

— Über die Anwendung von radioaktiven Indikatoren in der Biologie. Biochem. Z. **173**, 175 (1926).

— Radiochemische Methoden in Chemie, Physik und Biologie. Z. Elektrochem. **38**, 504 (1932).

— The application of isotopic indicators in biological research. Enzymologia **5**, 138 (1938).

— Application of isotopes in biology. J. chem. Soc. **1939**, 1213.

— The use of radioactive isotopes of the common elements in physiology. Phys. Rev. **57**, 240 (1940).

— Application of radioactive indicators in biology. Ann. Rev. Biochem. **9**, 641 (1940).

— and A. R. W. ATEN, jr.: Interaction of plasma phosphate with the phosphorus compounds present in the corpuscles. Kgl. Danske Vidensk. Selskab. Biol. Medd. **14**, No 5 (1939).

— u. L. HAHN: Origin of phosphorus compounds in hens eggs. Kong. Danske Vidensk. Selskab. **14**, No 2 (1936).

— — u. O. REBBE: Excretion of phosphorus. Kong. Danske Videnskab. Selskab. **14**, No 3 (1939).

— J. J. HOLST u. A. KROGH: Investigations on the exchange of phosphorus in teeth using radioactive phosphorus as indicator. Kong. Danske Vidensk. Selskab. **13**, No 13 (1937).

— H. B. LEVI and O. H. REBBE: The origin of the phosphorus compounds in the embryo of the chicken. Biochem. J. **32**, 2147 (1938).

— K. LINDERSTRØM-LANG and N. NIELSEN: Phosphorus exchange in yeast. Nature, Lond. **140**, 725 (1937).

— — and C. OLSEN: Atomic dynamics of plant growth. Nature, Lond. **137**, 66 (1936).

— — — Exchange of phosphorus atoms in plants and seeds. Nature, Lond. **139**, 149 (1937).

— and E. LUNDSGAARD: Lecithinaemia following the administration of fat. Nature, Lond. **140**, 275 (1937).

— u. F. PANETH: Die Löslichkeit des Bleisulfids und Bleichromats. Z. anorg. allg. Chem. **82**, 323 (1913).

— and O. REBBE: Molecular ‚rejuvenation' of muscle tissue. Nature, Lond. **141**, 1097 (1938).

— u. O. H. WAGNER: Die Verteilung des Thoriums im tierischen Organismus. Arch. f. exper. Path. **149**, 336 (1930).

JONES, H. B., I. L. CHAIKOFF and J. H. LAWRENCE: Radioactive phosphorus as an indicator of phospholipid metabolism. VI. The phospholipid metabolism of neoplastic tissues (mammary carcimoma, lymphoma, lymphosarcoma, sarcoma 180). J. biol. Chem. **128**, 631 (1939).

— — — Radioactive phosphorus as an indicator of phospholipid metabolism. X. The phospholipid turnover of fraternal tumors. J. biol. Chem. **133**, 319 (1940).

— — — Phosphorus metabolism of the soft tissues of the normal mouse as indicated by radioactive phosphorus. Amer. J. Cancer **40**, 235 (1940).

JOSEPH, M., W. E. COHN and D. M. GREENBERG: Studies in mineral metabolism with the aid of artificial radioactive isotopes. J. biol. Chem. **128**, 673 (1939).

KAPLAN, A. and I. L. CHAIKOFF: Liver lipids in completely depancreatized dogs maintained with insulin. J. biol. Chem. **108**, 201 (1935).

KORZYBSKI, J. u. J. K. PARNAS: Über Abbau und Wiederaufbau der Adenylsäure im Warmblütermuskel.

KROGH, A.: The use of isotopes as indicators in biological research. Science, New York **85**, 187 (1937).

LARK-HOROWITZ, K.: A permeability test with radioactive indicators. Nature, Lond. **123**, 277 (1929).
LAWRENCE, J. H. and K. G. SCOTT: Comparative metabolism of phosphorus in normal and lymphomatous animals. Proc. Soc. exper. Biol. a. Med. **40**, 694 (1939).
LIVINGOOD, J. J. and G. T. SEABORG: Radioactive isotopes of zinc. Phys. Rev. **55**, 457 (1939).
LIVINGSTON, M. S. and H. A. BETHE: Nuclear physics. C. nuclear dynamics, experimental. Rev. mod. Phys. **9**, 245 (1937).
LOOFBOUROW, J. R.: Part I. Application of physical methods to the investigation of biological and biochemical problems. Rev. mod. Phys. **12**, 270 (1940).
LE FEVRE MANLY, M. and W. F. BALE: The metabolism of inorganic phosphorus of rat bones and teeth as indicated by the radioactive isotope. J. biol. Chem. **129**, 125 (1939).
MANLY, R. S., H. C. HODGE and M. LE FEVRE MANLY: The relation of the phosphorus turnover of the blood to the mineral metabolism of the calcified tissues as shown by radioactive phosphorus. J. biol. Chem. **134**, 293 (1940).
MEANS, J. H.: The study of animal metabolism with radioactive tracers. J. appl. Phys. **12**, 313 (1941).
MEYERHOF, O., P. OHLMEYER, W. GENTNER u. H. MAIER-LEIBNITZ: Studium der Zwischenreaktionen der Glykose mit Hilfe von radioaktivem Phosphor. Biochem.. Z **298**, 396 (1938).
MILLER, L. L. and P. F. HAHN: The appearance of radioactive iron as hemoglobin in the red cell. The significance of ‚easily split' iron. J. biol. Chem. **134**, 585 (1940).
MORTON, M. E., I. PERLMAN and I. L. CHAIKOFF: Radioactive iodine as an indicator of the metabolism of iodine. III. The effect of thyrotropic hormone on the turnover of thyroxine and diiodotyrosine in the thyroid gland and plasma. J. biol. Chem. **140**, 603 (1941).
MULLINS, L. S.: Radioactive isotopes in biology. Phys. Rev. **56**, 1244 (1939).
— and S. C. BROOKS: Radioactive ion exchanges in living protoplasm. Science, New York **90**, 256 (1939).
PANETH, F.: The use of radio-elements as indicators. Nature, Lond. **120**, 884 (1927).
PERLMANN, I. and I. L. CHAIKOFF: Radioactive phosphorus as an indicator of phospholipid metabolism. V. On the mechanism of the action of choline upon the liver of the fatfed rat. J. biol. Chem. **127**, 211 (1939).
— — Radioactive phosphorus as an indicator of phospholipid metabolism. VII. The influence of cholesterol upon phospholipid turnover in the liver. J. biol. Chem. **128**, 735 (1939).
— — Studies on the metabolism of creatine and creatinine. II. The distribution of creatine and creatinine in the tissues of the rat, dog and monkey. J. biol. Chem. **130**, 393 (1939).
— and S. RUBEN and I. L. CHAIKOFF: Radioaktive phosphorus as an indicator of phospholipid metabolism. J. biol. Chem. **122**, 169 (1937).
—, N. STILLMAN and I. L. CHAIKOFF: Radioactive phosphorus as an indicator of phospholipid metabolism. XI. The influence of methionine, cystine, and cysteine upon the phospholipid turnover in the liver. J. biol. Chem. **133**, 651 (1940).
— — — Radioactive phosphorus an as indicator of phospholipid metabolism. XII. Further observations on the effects of amino acids on phospholipid activity of the liver. J. biol. Chem. **135**, 359 (1940).
POHL, H. A. and L. B. FLEXNER: Transfer of radioactive sodium across the placenta of the cat. J. biol. Chem. **139**, 163 (1941).
ROBERTS, A. and J. W. IRVINE, jr.: Concentration of radiohalides, and failure to oberseve Gamma-rays from I^{128}. Phys. Rev. **53**, 609 (1938).
ROBINSON, A., I. PERLMAN, S. RUBEN and I. L. CHAIKOFF: Formation of radio-phospholipid by isolated tissues of the rat. Nature, Lond. **141**, 119 (1938).
RUBEN, S., W. Z. HASSID and M. D. KAMEN: Radioactive carbon in the study of photosynthesis. J. Amer. chem. Soc. **61**, 661 (1939).
— M. D. KAMEN and W. Z. Hassid: Photosynthesis with radioactive carbon. II. Chemical properties of the intermediates. J. Amer. chem. Soc. **62**, 344 (1940).
SCHRAMM, G., H. J. BORN u. A. LANG: Versuch über den Phosphoraustausch zwischen radiophosphorhaltigem Tabakmosaikvirus und Natriumphosphat. Naturwiss. **30**, Heft 11 (1942).
SCOTT, K. G. and S. F. COOK: The effect of radioactive phosphorus upon the blood of growing chicks. Proc. nat. Acad. Sci., Wash. **23**, 265 (1937).
STOUT, F. R. and D. R. HOAGLAND: Upward and lateral movement of salt in certain plants as indicated by radioactive isotopes of potassium, sodium, and phosphorus absorbed by roots. Amer. J. Bot. **26**, 320 (1939).
TARVER, H. and C. L. A. SCHMIDT: The conversion of methiomine to cystine: experiments with radioactive sulfur. J. biol. Chem. **130**, 67 (1939).
TAYLOR, T. I.: Do the isotopes of an element have identical chemical properties? Science, New York **1939**, 176.

TIMOFEEF, N. W.-RESSOVSKY: Einige chemisch-biologische Anwendungen der schnellen Neutronen und der künstlich radioaktiven Stoffe. Angew. Chem. **54**, 437 (1941).

TUTTLE, L. W., K. G. SCOTT and J. H. LAWRENCE: Phosphorus metabolism in leukemic blood. Proc. Soc. exper. Biol. a. Med. **41, 20** (1939).

VOLKER, J. E., H. C. HODGE, H. J. WILSON and S. N. VAN VOORHIS: The adsorption of fluorides by enamel, deutin, boue, and hydroxy apatite as shown by the radioactive isotope. J. biol. Chem. **134**, 543 (1940).

WALKE, H., F. C. THOMPSON and J. HOLT: The radioactive isotopes of calcium and their suitability as indicators in Biological investigations. Phys. Rev. **57**, 177 (1940).

WEISSBERGER, L. H.: The increase in phospholipid and total phosphorus metabolism of the kidney following the administration of ammonium chloride, with radioactive phosphorus as an indicator. J. biol. Chem. **132**, 219 (1940).

WILLIAMS, C. H., L. A. SANDHOLZER and S. N. VAN VOORHIS: The incorporation of radioactive phosphorus in the nucleoprotein and phospholipid of escherichia coli. J. Bacteriol. **39**, 19 (1940).

WILSON, R. R. and M. D. KAMEN: Internal targets in the Cyclotron. Phys. Rev. **54**, 1031 (1938).

IV. Zur Anwendung der Methode mit stabilen Isotopen.

ANCHEL, M. and R. SCHOENHEIMER: Deuterium as an indicator in the study of intermediary metabolism. XV. Further studies in coprosterol formation. The use of compounds containing labile deuterium for biological experiments. J. biol. Chem. **125**, 23 (1938).

ATEN jr. A. H. W. and G. v. HEVESY: Fate of sulphate radical in the animal body. Nature, Lond. **142**, 952 (1938).

BARBOUR, H. G. and W. F. HAMILTON: Blood specific gravity: its significance and a new method for its determination. Amer. J. Physiol. **69**, 654 (1924).

BERNHARD, K. and R. SCHOENHEIMER: The rate of formation of stearic and palmitic acids in normal mice. J. biol. Chem. **133**, 713 (1940).

BLEAKNEY, W. M.: A new method of positive ray analysis and its application to the measurement of ionization potentials in mercury vapor. Phys. Rev. **34**, 157 (1929).

BLOCH, K. and R. SCHOENHEIMER: Studies in protein metabolism. XI. The metabolic relation of creatine and creatinine studied with isotopic nitrogen. J. biol. Chem. **131**, 111 (1939).

— — The biological demethylation of sarcosine to glycine. J. biol. Chem. **135**, 99 (1940).

BREUSCH, F. u. E. HOFER: Über das Verhältnis des schweren Wassers zum leichten im Organismus. Klin. Wschr. **13**, 1815 (1934).

CAVANAUGH, B. and H. S. RAPER: Deuterium as an indicator in fat metabolism. Nature, Lond. **137**, 233 (1936).

— — A study of the passage of fatty acids of food into lipins and glycerides of the body using deuterium as an indicator. Biochem. J. **33**, 17 (1939).

CLUTTON, R. F., R. SCHOENHEIMER and D. RITTENBERG: Studies in protein metabolism. XII. The conversion of ornithine into arginine in the mouse. J. biol. Chem. **132**, 227 (1940).

DAY, J. N. E. and P. SHEEL: Oxygen isotopic exchange in animal respiration. Nature, Lond. **142**, 917 (1938).

DOLE, M.: The concentration of deuterium in organic compounds. II. A general discussion with particular reference to benzene. J. Amer. chem. Soc. **58**, 580 (1936).

— Deuterium abundance ratios in organic compounds. III. Colesterol. J. Amer. chem. Soc. **58**, 2552 (1936).

FARKAS, A. and L. FARKAS: The mechanism of some catalytic exchange reactions of heavy hydrogen. Trans. Faraday Soc. **33**, 678 (1937).

— — The mechanism of hydrogenation reactions and the formation of stereochemical isomeres. Trans. Faraday Soc. **33**, 837 (1937).

— — The catalytic interaction of ethylene and heavy hydrogen on platinum. J. Amer. chem. Soc. **60**, 22 (1938).

FENGER-ERIKSON, K., A. KROGH and H. H. USSING: A micro-method for accurate determination of D_2O in water. Biochem. J. **30**, 1264 (1936).

FOSTER, G. L., D. RITTENBERG and R. SCHOENHEIMER: Deuterium as indicator in the study of intermediary metabolism. XIV. Biological formation of deuteroamino acids. J. biol. Chem. **125**, 13 (1938).

—, R. SCHOENHEIMER and D. RITTENBERG: Studies in protein metabolism. V. The utilization of ammonia for amino acid and creatine formation in animals. J. biol. Chem. **127**, 319 (1939).

GEIB, K. H. u. K. F. BONHOEFFER: Über den Einbau von schwerem Wasserstoff in wachsende Organismen. III. Z. phys. Chem. Abt. A **175**, 459 (1936).

GILFILLAN jr. E.: The isotopic composition of sea water. J. Amer. chem. Soc. **56**, 406 (1934).
GRAFF, S., D. RITTENBERG and G. L. FOSTER: The flutamic acid of malignant tumors. J. biol. Chem. **133**, 745 (1940).
GUNTHAR, G. u. K. F. BONHOEFFER: Über den Einbau von schwerem Wasserstoff in wachsende Organismen. VI. Biologische Fettsynthese. Z. phys. Chem. Abt. A **183**, 1 (1938).
HEYMINGEN, W. E. VAN, D. RITTENBERG and R. SCHOENHEIMER: The preparation of fatty acids containing deuterium. J. biol. Chem. **125**, 495 (1938).
HORIUCHI, J., J. C. OGDEN and M. POLANYI: Catalytic replacement of haplogen by diplogen in benzene. Trans. Faraday Soc. **30**, 663 (1934).
INGOLD, G. K., C. G. RAISIN and C. L. WILSON: Structure of benzene. Part. II. Direct introduction of deuterium into benzene and the physical properties of hexa deuterobenzene. J. chem. Soc. **1936**, 915.
— — — Direct introduction of deuterium into aliphatic systems. Part I. Hydrogen exchange between sulphuric acid and paraffinoid hydrocarbons. J. chem. Soc. **1936**, 1643.
JOHNSTON, H. L.: The density of pure deuterium oxide. J. Amer. chem. Soc. **61**, 878 (1939).
KESTON, A. S., D. RITTENBERG and R. SCHOENHEIMER: Determination of deuterium in organic compounds. J. biol. Chem. **122**, 227 (1937).
— — — Studies in protein metabolism. IV. The stability of nitrogen in organic compounds. J. biol. Chem. **127**, 315 (1939).
KINNEY, C. R. and R. ADAMS: Dideuterioraline and dideuterioleucine. J. Amer. chem. Soc. **59**, 897 (1937).
KÖGL, F. u. H. ERXLEBEN: Zur Ätiologie der malignen Tumoren. 1. Mitteilung über die Chemie der Tumoren. Z. physiol. Chem. **258**, 57 (1939).
LAMB, A. B. and R. E. LEE: The densities of certain dilute aqueous solutions by a new and precise method. J. Amer. chem. Soc. **35**, 1666 (1913).
LEWIS, G. N. and R. T. MACDONALD: Some properties of pure $H^2 H^2O$. J. Amer. chem. Soc. **55**, 3057 (1933).
— H. B. and R. L. GARNER: The metabolism of proteins and amino acids. Ann. Rev. Biochem. **9**, 277 (1940).
LUTEN, D. B. jr.: The refractive index of $H^2 H^2O$; the refractive index and density of solutions of $H^2 H^2O$ in $H^1 H^1O$. Phys. Rev. **45**, 161 (1934).
MOREHOUSE, M. G.: Studies on ketosis. XIV. The metabolism. of α-, β- and β, γ-deuterobutyric acids in the fasting rat. J. biol. Chem. **129**, 769 (1939).
Moss, A. R. and R. SCHOENHEIMER: The conversion of phenylalanine to tyrosine in normal rats. J. biol. Chem. **135**, 415 (1940).
NIER, A. O. and E. GULLBRANSEN: Variations in the relative abundance of the carbon isotopes. J. Amer. chem. Soc. **61**, 697 (1939).
PATTERSON, W. I. and V. DU VIGNEAUD: The synthesis of tetradeuterohomocystine and dideuteromethionine. J. biol. Chem. **123**, 327 (1938).
RATNER, S., D. RITTENBERG, A. S. KESTON and R. SCHOENHEIMER: Studies in protein metabolism. XIV. The chemical interaction of dietary glycine and body proteins in rats. J. biol. Chem. **134**, 665 (1940).
— R. SCHOENHEIMER and D. RITTENBERG: Studies in protein metabolism. XIII. The metabolism and inversion of d (+)-leucine studied with two isotopes. J. biol. Chem. **134**, 653 (1940).
REITZ, O. u. K. F. BONHOEFFER: Über den Einbau von schwerem Wasserstoff in wachsende Organismen. Naturwiss. **22**, 744 (1934).
— — Über den Einbau von schwerem Wasserstoff in wachsende Organismen. Z. phys. Chem. Abt. A **172**, 369 (1935).
— — Über den Einbau von schwerem Wasserstoff in wachsende Organismen II. Z. phys. Chem. Abt. A **174**, 427 (1935).
RICHARDS, T. W. and J. W. SHIPLEY: A new method for the quantitative analysis of solutions by precise thermometry. J. Amer. chem. Soc. **34**, 599 (1921).
RITTENBERG, D., A. S. KESTON, F. ROSEBURY and R. SCHOENHEIMER: Studies in protein metabolism. II. The determination of nitrogen isotopes in organic compounds. J. biol. Chem. **127**, 291 (1939).
— and G. L. FOSTER: A new procedure for quantitative analysis by isotope dilution, with application to the determination of amino acids and fatty acids. J. biol. Chem. **133**, 737 (1940).
— and R. SCHOENHEIMER: Deuterium as an indicator in the study of intermediary metabolism. VIII. Hydrogenation of fatty acids in the animal organism. J. biol. Chem. **117**, 485 (1937).
— — Deuterium as an indicator in the study of intermediary metabolism. XI. Further studies on the biological uptake of deuterium into organic substances, with special reference to fat and cholesterol formation. J. biol. Chem. **121**, 235 (1937).

RITTENBERG, D. and R. SCHOENHEIMER: Studies in protein metabolism. VI. Hippuric acid formation studied with the aid of the nitrogen isotope. J. biol. Chem. **127**, 329 (1939).
— — and E. A. EVANS: Deuterium as an indicator in the study of intermediary metabolism. X. The metabolism of butyric and caproic acids. J. biol. Chem. **120**, 503 (1937).
ROBERTS, I., H. G. THODE and H. C. UREY: The concentration of C^{13} by chemical exchange. J. chem. Phys. **7**, 137 (1939).
SCHOENHEIMER, R. and S. RATNER: Studies in protein metabolism. III. Sythesis of amino acids containing isotopic nitrogen. J. biol. Chem. **127**, 301 (1939).
— — and D. RITTENBERG: Studies in protein metabolism. VII. The metabolism of tyrosine. J. biol. Chem. **127**, 333 (1939).
— — — Studies in protein metabolism. X. The metabolic activity of body proteins investigated with 1 (—)-leucine containing two isotopes. J. biol. Chem. **130**, 703 (1939).
— — — The process of continous deamination and reamination of amino acids in the protein of normal animals. Science, New York **89**, 272 (1939).
— and D. RITTENBERG: Deuterium as an indicator in the study of intermediary metabolism. I. J. biol. Chem. **111**, 163 (1935).
— — Deuterium as an indicator in the study of intermediary metabolism. II. methodes. J. biol. Chem. **111**, 169 (1935).
— — Deuterium as an indicator in the study of intermediary metabolism. III. The role of the fat tissues. J. biol. Chem. **111**, 175 (1935).
— — Deuterium as an indicator in the study of intermediary metabolism. V. The Desaturation of fatty acids in the organism. J. biol. Chem. **113**, 505 (1936).
— — Deuterium as an indicator in the study of intermediary metabolism. VI. Synthesis and destruction of fatty acids in the organism. J. biol. Chem. **114**, 381 (1936).
— — Deuterium as an indicator in the study of intermediary metabolism. IX. The conversion of stearic acid into palmitic acid in the organism. J. biol. Chem. **120**, 155 (1937).
— — The application of isotopes to the study of intermediary metabolism. Science, New York **87**, 221 (1938).
— — Studies in protein metabolism. I. General considerations in the application of isotopes to the study of protein metabolism. The normal abundance of nitrogen isotopes in amino acids. J. biol. Chem. **127**, 285 (1939).
— — B. N. BERG and L. ROUSSELOT: Deuterium as an indicator in the study of intermediary metabolism. VII. Studies in bile acid formation. J. biol. Chem. **115**, 635 (1936).
— — and G. L. FOSTER: The application of the nitrogen isotope N^{15} for the study of protein metabolism. Science, New York **88**, 599 (1938).
— — and M. GRAFF: Deuterium as an indicator in the study of intermediary metabolism. IV. The mechanism of coprosterol formation. J. biol. Chem. **111**, 183 (1935).
— — and A. S. KESTON: Studies in protein metabolism. VIII. The activity of the ε-amino group of histidine in animals. J. biol. Chem. **127**, 385 (1939).
SALZER, F. u. K. F. BONHOEFFER: Über den Einbau von schwerem Wasserstoff in wachsende Organismen. IV. Z. phys. Chem. Abt. A **176**, 202 (1936).
STEWART, W. W. and R. HOLCOMB: The biological separation of heavy water. J. Amer. chem. Soc. **56**, 1422 (1934).
SMITH, P. K., J. TRACE and H. G. BARBOUR: The fate of deuterium in the mammalian body. J. biol. Chem. **116**, 371 (1936).
STETTEN, D. jr. and R. SCHOENHEIMER: The conversion of palmitic acid into stearic and palmitoleic acids in rats. J. biol. Chem. **133**, 329 (1940).
— — The biological relations of the higher aliphatic alcohols to fatty acids. J. biol. Chem. **133**, 347 (1940).
USSING, H. H.: Use of amino-acids containing deuterium to follow protein production in the organism. Nature, Lond. **142**, 399 (1940).
— Analysis of protein by means of deuterium -containing amino-acids. Nature, Lond. **144**, 977 (1939).
DU VIGNEAUD, V., G. B. BROWN, O. J. IRISH, R. SCHOENHEIMER and D. RITTENBERG: A study of the inversion of d-phenylaminobutyric acid and the acetylation of l-phenylaminobutyric acid by means of the isotopes of nitrogenand hydrogen. J. biol. Chem. **131**, 273 (1939).
VICKERY, H. B., G. W. PUCHER, R. SCHOENHEIMER and D. RITTENBERG: The metabolism of nitrogen in the leaves of the buck wheat plant. J. biol. Chem. **129**, 791 (1939).
— — — — The assimilation of ammonia nitrogen by the tobacco plant: A preliminary study with isotopic nitrogen. J. biol. Chem. **135**, 531 (1940).
WOOD, H. G., C. H. WERKMAN, A. HEMINGWAY and A. O. NIER: Heavy carbon as a tracer in bacterial fixation of carbon dioxide. J. biol. Chem. **135**, 789 (1940).

If you have any concerns about our products,
you can contact us on
ProductSafety@springernature.com

In case Publisher is established outside the EU,
the EU authorized representative is:
**Springer Nature Customer Service Center GmbH
Europaplatz 3, 69115 Heidelberg, Germany**

Printed by Libri Plureos GmbH
in Hamburg, Germany